8° S
3532

AF596724

DU

DÉBOISEMENT DES CAMPAGNES

DANS SES RAPPORTS

AVEC LA DISPARITION DES OISEAUX UTILES A L'AGRICULTURE

Par **M. A. BURGER.**

Extrait du bulletin de la Société d'Agriculture de Meaux
ANNÉE 1877.

PARIS
LIBRAIRIE AGRICOLE DE LA MAISON RUSTIQUE
26, RUE JACOB, 26

1877

S

Offert par l'auteur à Son excellence Monsieur le Ministre de l'instruction publique avec l'hommage de son respect

A. Burger

DU

DÉBOISEMENT DES CAMPAGNES

8° S
3532

DU

DEBOISEMENT DES CAMPAGNES

DANS SES RAPPORTS

AVEC LA DISPARITION DES OISEAUX UTILES A L'AGRICULTURE

Par **M. A. BURGER**.

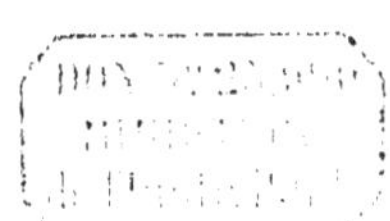

Extrait du bulletin de la Société d'Agriculture de Meaux
ANNÉE 1877.

(Publications du 1 janvier au 31 décembre 1876)

PARIS

LIBRAIRIE AGRICOLE DE LA MAISON RUSTIQUE

26, RUE JACOB, 26

1877

DU
DEBOISEMENT DES CAMPAGNES
DANS SES RAPPORTS
AVEC LA DISPARITION DES OISEAUX UTILES A L'AGRICULTURE

Par M. A. BURGER.

---

§ I.

Où en est la question de la conservation des oiseaux insectivores.

Depuis très longtemps déjà l'on constate la disparition progressive des espèces d'oiseaux utiles à l'agriculture, spécialement de ceux appelés les oiseaux insectivores, et vulgairement connus tout simplement sous le nom de *petits oiseaux*.

L'administration, sous la pression de l'opinion publique, a multiplié, vous le savez, messieurs, à l'appui de la loi sur la chasse du 3 mai 1844 : arrêtés, règlements, lettres, invitations de toutes sortes. Une nouvelle loi même, celle du 22 janvier 1874, a complété cette dernière en la modifiant. Le public, lui aussi, n'est point resté inactif. Il n'est pas de revues périodiques affectées aux applications des sciences physiques et naturelles, qui n'aient pris en main, en temps opportun, la cause des petits oiseaux. — Les assemblées locales, tels que les conseils municipaux, les conseils d'arrondissements, les conseils municipaux sur plusieurs points, s'en sont préoccupés. — Des particuliers même, dont la haute situation et le caractère surtout, sont propres à frapper l'esprit de la population, et à attirer sa confiance, ont bien voulu prendre part à cette croisade et nous inviter à mieux comprendre et à mieux prendre aussi notre propre intérêt, en fixant davantage notre attention sur les faits de l'ordre providentiel. — Enfin, la Société protectrice des animaux, si utile, si digne de respect et dont l'action se fait aujourd'hui si favorablement sentir sur tous les points de notre pays, et tend à amener une modification bien désirable dans nos rapports obligés et fréquents avec les animaux domestiques, ne limite pas sa sollicitude à ces derniers seulement, vous avez pu le remarquer. Cette société couvrant, on peut dire, de son aile protectrice, toute la création animale, défend en principe: Veuillez vous reporter aux bulletins de ses séances: *toute destruction inutile des animaux*, c'est-à-dire toute destruction qui n'est pas justifiée par un bienfait qui nous soit propre, et par contre, elle veut, elle impose la protection et la propagation des espèces sauvages, dont les habitudes et les mœurs concordent avec une utilité pour nous.

Sous l'action des mêmes causes; causes dont l'une est l'*impuissance de la répression*, souvent même l'inertie de cette répression; les mêmes effets de la diminution progressive des oiseaux insectivores, et leurs conséquences déplorables pour l'agriculture, se sont produits chez nos voisins et les ont amenés à se préoccuper, comme nous le faisons, de la conservation des espèces insectivores. La Suisse, l'Autriche, l'Italie, recommandent les mêmes précautions de police et de surveillance que nous, en faveur des petits oiseaux, et suscitent, dans ce but, l'intérêt de la population.

Il est donc bien établi aujourd'hui que, partout en Europe, dans les régions tempérées; là où ces espèces d'oiseaux peuvent habiter; un certain état de choses, résultat de la volonté de l'homme, et de sa malencontreuse action dans un certain sens, est contraire à l'existence des oiseaux insectivores, et tend à en amener fatalement la disparition, dans un temps donné, si on n'y prend garde. — Or, il se trouve, heureusement pour ces animaux : car il n'est nullement question ici *du charme et de l'agrément que leur présence répand au milieu de nous* (1): que leur

(1) Ce côté de la question ne doit point être négligé. Les considérations qui en prouvent l'importance, sont indiquées sommairement à la fin de cette étude.

absence s'est fait sentir par un mal qui nous a été sensible. On en a de suite prévu et mesuré les conséquences possibles. Son extension progressive et générale n'a pas été mise en doute, et de véritables fléaux ont été avec certitude pressentis : ils ont même déjà apparu.

Après ce sûr diagnostic de la part de nos savants, il eut été étrange de voir un public indifférent, et les autorités, les influences, rester passives. Mais il n'en a pas été ainsi. — De là ce mouvement général manifesté en faveur d'une protection plus efficace à accorder aux oiseaux utiles. — Cette fois encore, et tout récemment, l'impulsion part de haut.

Voici comment s'exprime, à cet égard, M. Waddington ministre de l'instruction publique, dans la circulaire que son Excellence a adressée, il y a six mois, aux préfets, pour assurer cette protection.

Paris, 31 mars 1876.

« Monsieur le Préfet,

» Les ravages causés à l'agriculture par les insectes nuisi-
» bles, ont pris, depuis quelques années, des proportions véri-
» tablement inquiétantes.

» M. le ministre de l'agriculture et M. le ministre de
» l'intérieur m'ont fait l'honneur d'appeler mon attention sur
» ce regrettable état de choses, dont l'une des causes princi-
» pales est la disparition, ou tout ou moins la diminution des
» oiseaux insectivores.

» Ces oiseaux, qui sont les gardiens naturels de nos récoltes,
» et les plus précieux auxiliaires de l'agriculture, sont cepen-
» dant, presque partout, traités en ennemis. — Le cultivateur
» oubliant les services incessants qu'ils rendent, ne voit que les
» dégats qu'ils commettent. — L'enfant poursuit leur destruc-
» tion, soit en leur tendant des piéges, soit en détruisant leurs
» nids ; et ces alliés que les étrangers viennent nous acheter
» pour les acclimater chez eux, disparaissent peu à peu de nos
» campagnes, » (1) etc...

. . . .

(1) Nous lisions dans le *Moniteur universel*, du 30 mars 1874, l'avis suivant : « On a dernièrement embarqué au Havre une cargaison de

Ce mouvement, s'il est bien compris, et énergiquement, per sévéramment dirigé, rétablira, à notre avantage, un de ces équilibres rompus, dans ces grandes lois providentielles qui nous régissent et dont nous nous sommes plus à vous rappeler déjà l'absolue nécessité, l'année dernière.

C'est à ce mouvement, messieurs, auquel nous venons aujourd'hui vous convier de participer ; car nous n'hésitons pas à considérer les Sociétés d'agriculture comme les influences les plus propres à le comprendre et à le diriger. — Composées en grande partie d'hommes de la campagne, d'habitants des champs, de propriétaires ruraux, de cultivateurs ; ce sont elles qui, par leurs membres, sont directement atteintes par les maux que nous redoutons ; ce sont elles aussi qui, à part l'intérêt personnel de chacun, sont investies de la mission de veiller, *dans l'intérêt de tous*, cette fois, au succès aussi complet que possible de la culture des champs. — Il y a donc là une grave responsabilité à assumer, et un devoir à remplir.... mais aussi, c'est là qu'est tout l'honneur de notre association.

Sur ce terrain, nous nous sentons à l'aise, pour venir vous entretenir de la question des oiseaux utiles à l'agriculture ; mais cependant, avant de vous prier de vouloir bien participer,

» petits oiseaux pour la Zélande, qui est, paraît-il, ravagée par les » chenilles. »

Et plus récemment, le *Bulletin* de juillet 1876, de la *Société protectrice des animaux*, page 288, rapportait ce qui suit :

« Utilité des oiseaux : Le *Moniteur du Calvados*, du 29-30 mai der- » nier, contient la note suivante :

» Voici un fait assez curieux, démontrant avec la plus grande évi- » dence, combien il est utile de prendre des mesures sévères, afin de » conserver les oiseaux insectivores qui rendent de si grands services » à l'agriculture. Le vaisseau *Tintern-Abbey* vient de quitter la » Tamise, en route pour la Nouvelle-Zélande, avec une cargaison de » 1,230 oiseaux vivants, soit : Merles, 100; rouge-gorges, 100; » grives, 100; *moineaux*, 150; étourneaux, 100; linottes, 140; char- » donnerets, 100; gold-fuiches, 160; bruants, 170; perdrix, 110; » lesquels, au terme de leur voyage, seront immédiatement rendus » à la liberté, et des peines très-sévères atteindront les coupables » qui chercheront à les détruire.

» Cet envoi a été sollicité *par les fermiers* de la Nouvelle-Zélande, » dont les récoltes ne sont que trop souvent détruites par les insectes, » et surtout les chenilles. »

par votre action propre, individuelle ou commune, à leur protection, nous avons une question à vous soumettre, question que nous nous sommes posée nous-même avant d'accorder tout notre intérêt et notre approbation à cette judicieuse réaction.

Messieurs, le mouvement de protection en faveur des oiseaux insectivores, commencé il y a vingt ans dans notre pays, suscité à peu près partout, en ce moment, a-t-il été bien compris, et partant, a-t-il été jusqu'à ce jour efficacement dirigé?

En d'autres termes, l'impulsion donnée vise-t-elle bien le but à atteindre? Son effet pourra-t-il arrêter le mal? Et la destruction de ces animaux est-elle suffisamment enrayée par nos efforts?...

Pour nous, nous ne le creyons pas, et nos réflexions sur la cause du mal, appuyées de nos observations depuis onze ans, ne nous laissent aucun doute à cet égard.

Noue n'hésitons donc pas à exprimer ici l'opinion : que la question de conservation et de propagation des oiseaux utiles à l'agriculture, n'a pas été envisagée dès le début, sous son véritable jour; et que, par conséquent, les moyens, ou plutôt, le *moyen* de protection; car on n'en a jamais préconisé qu'un; le moyen constamment recommandé par nos légistes et appliqué par nos autorités à leur suite, nous parait complètement insuffisant, et ne saurait jamais, à lui tout seul, serait-il : efficacement appliqué : ce qui n'est pas, parer au mal dans toute son étendue; et que la cause première d'extinction des espèces continuant à avoir son effet... il arrivera ceci... c'est que le moyen de protection uniquement pratiqué aujourd'hui, finira par être complètement vain et sans but, faute de la chose elle-même sur laquelle il a à exercer.

Et, en effet, jusqu'à ce jour : je vous prie, Messieurs, de vouloir bien y faire attention : on n'a saisi que les causes directes et frappantes : les *causes grossières*, si je puis dire, *de la disparition des oiseaux insectivores.* On n'a vu que les procédés imaginés par l'homme pour s'emparer violemment, ou par la ruse, de ces animaux; de là, l'unique préocupation de les protéger, en en défendant la capture, sous quelque forme que ce soit, et en organisant, pour cela, une police, une surveillance qui trouvent leur sanction dans nos Codes et nos arrêtés préfectoraux.

On a défendu les petites chasses aux oiseaux, qui s'exerçaient il y a un certain nombre d'années, à peu près partout ; mais plus particulièrement dans nos provinces de l'Est ; au moment de la migration automnale de ces animaux vers les régions chaudes. On a défendu la recherche des nids et la destruction des couvées.

Ces précautions sont excellentes assurément ; elles doivent être ; mais elles sont secondaires et accessoires, puisqu'elles découlent de ce fait préexistant, à savoir : l'EXISTENCE DE CES ANIMAUX. Or, il faut songer à leur propagation et y pourvoir avant de songer à empêcher leur destruction. Avant de jouir d'une chose, avant d'en profiter, il faut savoir la produire, et c'est ce que nous ne faisons pas, et c'est ce que nous ne permettons plus à la nature de faire pour nous, par les entraves que nous opposons à ces moyens.

La Providence y avait pensé pour nous à cette reproduction naturelle, en répartissant sur la surface du globe les lieux d'habitation propres à chaque espèce d'animal. — Pour la reproduction des oiseaux, elle avait disposé d'une végétation splendide, arbustive et arborescente... depuis le buisson le plus touffu, jusqu'aux plus grands arbres. L'homme est venu, et, subordonnant les lieux d'habitation des animaux et des oiseaux en particulier ; puisque nous ne nous occupons ici que de cette créature ; aux siens propres, il en a détruit une partie, sans se préoccuper de ce qui pouvait être nécessaire à la conservation des espèces utiles. — Les nécessités de sa vie et de sa propre conservation ont été sa seule règle. C'est ainsi, qu'avec le temps, les lieux d'habitation des espèces d'oiseaux qui nous sont utiles se sont trouvés fort réduits. — Nous voyons ce qu'ils sont aujourd'hui. Sans rien exagérer, ils ne suffisent plus à leur reproduction, dans une proportion qui nous soit avantageuse ; car, depuis longtemps, la culture a progressé, au point de favoriser à l'excès, en leur créant leurs lieux d'habitation *ad hoc*, la reproduction d'espèces d'animaux qui nous nuisent, et dont l'homme est impuissant à se préserver directement par ses propres moyens. Je veux parler des INSECTES. De là, donc, la très-juste pensée de faire intervenir, pour les détruire, les animaux appropriés à cette destruction : les OISEAUX, qui font leur pâture de ces insectes.

Tel est le mal aperçu et dénoncé depuis déjà plus de trente ans. Malheureusement, quand on commence à souffrir d'un mal, d'un mal de ce genre, d'une calamité publique, on remonte bien rarement, d'un seul jet, de l'effet à la vraie cause, ou à toutes les causes. Il s'ensuit, que le premier remède appliqué n'est pas alors le correctif complet. On a de suite, cela est vrai, senti l'utilité des oiseaux insectivores, et on a prescrit leur conservation, en édictant des peines contre leurs destructeurs... cela allait de soi... mais on n'a pas été plus loin... Et, comme l'aiguillon de l'intérêt particulier, malgré toutes les incitations possibles du gouvernement, en faveur de l'intérêt public, continuait et continue encore à servir la cause de l'extension, à outrance, des cultures arables, au détriment de la culture forestière et arbustive, il en résulte qu'on a toujours continué à déboiser, à détruire toute nature de végétation arborescente et que l'on est encore à l'œuvre à l'heure qu'il est, avec une énergie : et disons le mot : une rapacité désolante.

En traitant de la question du déboisement des champs, dans les rapports que peut avoir ses effets avec la propagation des espèces d'oiseaux utiles à l'agriculture, nous nous abstiendrons de vous parler du défrichement des bois et forêts, de ces massifs de quelque importance, qui constituent ce qu'on appelle la *propriété forestière*. Nous gardons cette réserve, parce que ce genre de déboisement, dans notre pays, a été de tout temps aperçu, discuté et jugé par les autorités les plus compétentes, soit au point de vue climatérique et hydrographique, soit au point de vue de la consommation, soit au point de vue de l'appropriation des diverses cultures au sol ; et, suivant le courant d'opinion qui a prévalu, il a été défendu ou permis dans des conditions plus ou moins restrictives. Votre attention a donc été éveillée et entretenue sur ce mode d'opération, et vous êtes très au courant des fluctuations de la propriété sylvicole.— Nous nous bornerons seulement à dire que ce genre de déboisement ; et vous le pressentez bien ; a été aussi *cause* dans l'effet que nous déplorons aujourd'hui, quoique cependant, à notre avis, *à un moindre degré*, que le déboisement dont nous allons vous parler, et cela, en raison de l'inégale répartition des forêts sur le sol de notre pays, et surtout de leur minime superficie relative : le total de la superficie boisée, en France, n'étant que de 9.035,366 hectares, soit environ le sixième du territoire.

§ II

Du déboisement de la campagne.

Ce dont nous croyons devoir vous entretenir, c'est d'un déboisement tout autre, déboisement dont on ne s'est jamais préoccupé, qui a les mêmes conséquences, si ce n'est même plus accentuées encore, que celui des forêts, sur la disparition des oiseaux insectivores, et qui, s'effectuant sur la plus grande échelle, depuis 30 ans, dans nos campagnes, aura pour effet d'enlever à ces animaux leur dernier et unique refuge...; ce qui est déjà un fait très-remarquable, nous le répétons, sur un grand nombre de territoires communaux de la Brie, seul point de notre pays qu'il nous ait été donné d'observer attentivement.

Il s'agit DU DÉBOISEMENT DES CHAMPS, c'est-à-dire de la destruction, dans la campagne, de toute cette végétation arborescente ou arbustive que nous voyions autrefois le long des routes, le long des chemins ruraux, des fossés, des ruisseaux, dans des bas-fonds humides, sur les talus, autour des sources et les mares, enfin autour des enclos et prairies, et près des habitations, en tous ces lieux que nos pères avaient l'habitude de maintenir à l'état boisé, et dont il n'existe plus aujourd'hui que quelques rares vestiges.

Ce boisement pouvait se décomposer *en grand boisement* et en *petit boisement*.

Le grand boisement se composait d'arbres forestiers élevés en futaie, soit alignés le long des routes et des chemins ruraux, soit agglomérés, sans espacement, autour des clos qui avoisinaient les habitations. — Ces derniers élevés, les uns en futaie, les autres en demi-têtards et mélangés, couvraient toujours sur 1 m. 50 à 2 m. de largeur, un petit taillis d'essences secondaires et d'arbrisseaux, qu'on coupait tous les cinq ou six ans. — On trouvait encore ce type de boisement, mêlé alors plus ordinairement à des saules têtards, le longs des rups, des grands fossés humides, et des mares, lesquelles étaient alors communes dans le pays, et sont toutes détruites aujourd'hui. Puis, de distance en distance, dans la plaine, on voyait des remises et des garennes de quelques ares, de 2 ou 3 hectares. Tel était le grand boisement que je me rappelle parfaitement avoir vu dans ma jeunesse et dont la végétation, quant aux arbres, était généralement remarquable et fournissait de bons et beaux bois d'industrie et de chauffage.

Le petit boisement était de deux sortes :

C'était des haies taillées à diverses hauteurs et composées d'espèces variées d'arbrisseaux, de charmes et d'érables. Elles bordaient les sentiers dûs, entouraient les jardins et les vignes. Ce boisement était prémédité, exécuté de mains d'homme, et entretenu, renouvelé au besoin. Puis, il y en avait un autre, celui-ci *tout spontané*. C'était le boisement naturel, et on peut dire *sauvage*, lequel se produisait en dehors de la volonté de l'homme, dans les endroits qui ne peuvent être cultivés, soit à cause de leur stélérité, soit à cause de leur disposition même, tels que : les talus, les escarpements, les murgets sur les côteaux pierreux, les crêtes de fossés et même les intervalles de plantation d'arbres le long des chemins ruraux.

Dans ces endroits, il se forme toujours, avec le temps, par l'apport des graines que le vent dissémine, ou que les animaux transportent et emmagasinent, des buissons d'arbrisseaux et d'arbustes variés. Autrefois, les cultivateurs respectaient ce petit boisement spontané, très-inoffensif à leur culture, et qui se formait à peu près partout, par petites tâches, aussi bien aux abords des centres de population, qu'au loin, dans la campagne.

Ces trois sortes de boisement que je viens d'énumérer : les *plantations de grands arbres*, *les haies entretenues* et *les buissons épars* donnaient, ensemble, à la campagne, un tout autre aspect ; et aussi, il faut en convenir, *un grand agrément* : autre avantage qui n'était pas sans utilité, au point de vue hygiénique pour les allées et venues dans les champs, parcours incessants, ainsi que pour les stations, le repos en plein champ que nécessitent les travaux agricoles. Puis, dans la saison des intempéries où les vents équinoxiaux ou d'orages donnent avec une excessive violence, ces boisements diversement étagés et massés plus particulièrement aux abords des villes et des villages, servaient de brise-vents et en atténuaient considérablement les effets; mais son grand bienfait, ne l'oublions pas, celui sur lequel nous avons l'honneur d'appeler votre attention aujourd'hui, c'est qu'il avait pour but, but essentiellement utile, de favoriser, plus que cela, DE RENDRE POSSIBLE la propagation des oiseaux, et tout spécialement celle DES OISEAUX INSECTIVORES.

De 1833 à 1860, en 33 ans, nos campagnes, mais plus particulièrement les arrondissements de Meaux et de Coulommiers que j'ai vus : quoiqu'il soit certain que l'effet que je signale ici se soit produit ailleurs : ont subi un tel changement, sous le rapport du déboisement, que des personnes : et je suis de ce nombre : qui, après avoir quitté le pays, étaient restés cette période de temps sans le revoir, ne le reconnurent plus, quand elles y revinrent, et eurent quelque peine à se rendre compte de l'emplacement de certains lieux par rapport à d'autres; lieux qu'elles avaient autrefois bien connus, mais qui, démasqués de leur rideau d'arbres et de verdures et séparés par des plaines uniformes, sans plus de coupures de lignes d'arbres et de buissons, n'apparaissaient plus sous leur aspect connu.

On s'explique parfaitement que la même contrée, boisée ou déboisée, fasse deux pays distincts et deviennent méconnaissable, pour le même observateur la parcourant aux deux époques qui marquent cette transformation.

Fixé six ans après, en 1866, comme fonctionnaire, dans l'arrondissement de Meaux, et ayant eu alors l'occasion de faire, à cet égard, des observations de détails plus suivies, et que m'excitait à poursuivre la corrélation qui m'avait à l'instant même frappé, entre ce fait du boisement d'un pays et cet autre fait s'y rapportant directement, *de l'habitation possible des oiseaux*, je n'ai pu, depuis cette date, que constater, d'année en année, le progrès du défrichement de la campagne, de *son déboisement général,* c'est-à-dire de la disparution continue et simultanée, savoir :

1° Des grands arbres forestiers le long des chemins ;

2° Des haies et lisières plantées et des remises ;

3° Des buissons épars.

Et depuis cinq ans (1871) que je me suis retiré de l'administration des forêts, et que j'ai eu, parconséquent, tout loisir pour observer de plus près les choses, et noter, pour ainsi dire, les lignes d'arbres, les haies et les buissons de certains territoires, qu'il m'était possible de revoir périodiquement, et retenir dans ma mémoire l'aspect des lieux, nous pouvons dire, en signalant les points atteints des territoires par nous examinés, que, d'année en année, le défrichement s'opère très-activement, et que assurément, si le mouvement ne s'arrête pas, avant 15 ans toute végétation arbustive, en haies, lisières et buissons, sera un phénomène dans ce pays-ci.

Les territoires de La Chapelle-sur-Crécy, Bouleurs, Voulangis et Villiers-sur-Morin, que j'ai l'occasion de revoir chaque année, sont en plein déboisement.

La masse de la population n'y prend pas garde, ne voit rien, absorbé que chacun est par son intérêt propre et ses affaires. Le fait passera donc inaperçu pour le public, jusqu'au jour, où un mécompte sensible et se renouvelant, une calamité résultat du fait accompli à la longue survenant, on ait beaucoup à souffrir ; alors seulement on se plaindra et on cherchera à se rendre compte de la cause. Tout ce qui se produit lentement, petit à petit, passe ainsi inaperçu pour la foule.

En Angleterre, dans ce pays qui nous a devancé d'un siècle pour l'agriculture, on s'était aussi laissé aller, sans le moindre esprit de prévoyance ; ce qui est fort rare chez nos voisins ; à déboiser, à détruire les forêts et les plantations, à dénuder la contrée.

Puis, quand il n'y eut plus rien et qu'avec le temps, soit sous le rapport de la production en bois : vide que l'étranger commençait à ne plus pouvoir combler : soit sous le rapport climatérique et hygiénique, l'on pût percevoir un ensemble de faits préjudiciables aux intérêts généraux de la population, et à ceux plus élevés du pays, en tant que corps de nation, alors seulement l'on mit le doigt sur la plaie, et on s'aperçut qu'on avait fait fausse route en détruisant inconsidéremment les végétations arborescentes, *pour avoir plus de terre à cultiver.*

Les Anglais qui sont des gens très-pratiques, mais très-pratiques non pas seulement pour la satisfaction de leurs intérêts particuliers et individuels, mais aussi, et plus encore peut-être, pour la satisfaction des intérêts communs du pays ; et qui pour réaliser leurs vues : il faut encore ajouter : se montrent aussi patients qu'énergiques, se sont mis à reboiser leur pays par des plantations d'arbres, entreprises sur la plus grande échelle. Ces plantations effectuées par les particuliers sur leurs propriétés, étaient déjà fort belles il y a vingt-cinq ans, en 1851 : nous apprend M. Léonce de Lavergne dans les remarquables ouvrages, où il raconte et apprécie, comme elles méritent, les merveilles agricoles qu'il vient de voir dans ce pays si bien ordonné (1) : et il augure, qu'avant un demi siècle, il y aura déjà en Angleterre de magnifiques ressources en productions ligneuses de toute nature.

Je reviens au déboisement des communes de Voulangis, de Villiers-sur-Morin, La Chapelle-sur-Crécy et à ceux que je vois également opérer aux alentours de Meaux, mais sur une moindre échelle, autour de cette ville, par la raison que la végétation arborescente n'y existe pour ainsi dire plus.

Voici ce qui se passe :

D'abord, notons que ce sont les plus jeunes générations possédantes, ou celles arrivées depuis peu à la propriété, plutôt que les anciennes ou leurs devancières, qui l'opèrent, et qui se montrent *anti-conservatrices de tout boisement*.

Le long des jardins et des cultures maraichères, on remplace la haie traditionnelle, la haie bordant routes, chemins ou sentiers, par des murs, des bornes, des dosseaux, des treillages grossiers, ou tout simplement par des branches sèches enlaçées.

Dans les clos, et ceci est très-observé sur les communes de Vaucourtois, Sancy et Coulomme, on a comme séparation d'héritage, au lieu de ces lignes d'arbres de diverses essences cou-

(1) *Economie rurale de l'Angleterre*, par L. de Lavergne, 3e édition, 1858, p. 232; et l'*Agriculture et la Population*, par le même, 2e édition, 1865, p. 120.

vrant une lisière de petits bois buissonnants, que j'ai vu il y a 30 ans, on a de petites bornes.

Le long des chemins vicinaux empierrés ou non empierrés et le long des chemins ruraux et de desserte, il est très-rare de voir aujourd'hui ces voies de communications et de transports bordées d'arbres et de buissons, comme elles l'étaient autrefois. Même aux abords des villages et dans les villages même, on ne trouve plus là ce boisement que par tronçons, tronçons destinés à disparaître comme la bordure entière dont ils sont les vestiges encore subsistant. Mieux que cela, dans des *chemins encaissés*, là où l'escarpement des deux talus nécessite impérieusement, pour maintenir les terres, ce lacis inextricable de racines de la végétation arborescente, et où nos pères avaient, dans ce dessein, créé un boisement permanent d'arbres têtards et d'arbustes de toutes espèces ; dans les chemins creux, les propriétaires riverains, pour se faire du bois et se garantir de l'ombre que projettent sur leurs champs ces végétations contigues, les coupent à blanc étoc et les défrichent.

Sur un chemin vicinal empierré d'une de ces communes, longeant un pré qui est en contre bas du dit chemin, et dont, par conséquent, un talus incliné d'une certaine hauteur, appartenant à la commune, forme la séparation, nous avons vu un cantonnier occupé à détruire de très-beaux buissons d'aubépine qui avait cru sur ce talus, et qui ne gênaient en rien le pré et le chemin. Sur l'observation que nous fîmes au maire de cette commune, mon ami, qui m'accompagnait dans cette promenade, ce fonctionnaire voulut bien le faire cesser en lui recommandant, au contraire, le maintien du buisson. Il est très-probable que le riverain propriétaire du pré, pour se garantir de la moindre gêne, comme ombre ou comme dépouille de feuilles et de graines provenant de ces arbustes, avait donné le mot d'ordre à cet ouvrier de la commune.

Sur des murgets, le long des sentiers pierreux qui serpentent sur les versants de Serbonne, dans la vallée du Morin, commune de Tigeaux, nous avons vu des paysans brûler d'inoffensifs ronciers, des buissons d'églantiers et d'épines noires, par ce motif grossier que nous réfuterons plus loin : à savoir, *que ces buissons engendraient de la vermine.*

BIBLIOTHÈQUE NATIONALE R.F. IMPRIMÉS

Presque partout, les fontaines, les sources, sont dégarnies de leur revêtement naturel et séculaire d'arbres et d'arbrisseaux, boisement qui les protégeait et maintenait là une fraîcheur et un ombrage vraiment utiles et salutaires à tous.

Voici un autre fait que j'ai constaté sur presque tous les territoires de nos environs et qui est grave à un autre point de vue ; mais qui part toujours du même principe : *s'affranchir de toute gêne et augmenter son gain par tous les moyens.*

Le long des chemins vicinaux non empierrés et des chemins ruraux, les limites de ces voies n'étant plus frappantes, au moyen de lignes d'arbres et des buissons qui s'intercalaient souvent entre eux, des propriétaires riverains franchissent la limite, labourent les talus, les vieux fossés, et s'avancent ainsi sur la propriété publique de 0,60 centimètres, 1 mètre et jusqu'à 2 mètres. Puis, l'on prend ces chemins pour des lieux de dépôts, et chacun y jette les immondices et épaves de toutes sortes provenant de son champ. Et voici comment ces chemins utiles et indispensables *au public* sont diminués de largeur et deviennent des cloaques.

Me promenant un jour avec le maire d'un village voisin, sur le territoire duquel ces usurpations se pratiquaient; nous les observions ensemble bien tristement, et il m'avouait presque son impuissance pour les arrêter, tant le fait se généralisait et la répression de ces anticipations suscitait de résistances et de mauvais sentiments.... Mais, ajoutait-il, pour un Maire énergique et indépendant : et il y en a encore : c'est là le moindre des motifs. Le grand motif de l'inertie de l'Administration locale à cet égard : c'est *son extrême mobilité* : On est membre du Conseil municipal, on est Maire, aujourd'hui, on ne l'est plus demain, et il n'est pas de Maire qui soit disposé à prendre la charge de ces grosses affaires-là pendant une gestion aussi éphémère... Et puis, en aurait-il la pensée que, si elle venait à transpirer, ce serait un motif assuré d'éloignement de l'Administration au prochain renouvellement.

Telles sont, messieurs, mais seulement en ce qui nous touche de la manière la plus palpable, les conséquences du déboisement des champs.

On ne conçoit pas de contrée habitée sans boisement; et,

quand on la trouve, cependant, ce qui arrive parfois, à la suite des destructions humaines, *c'est presque le désert;* c'est la stérilité et la dépopulation; parce que dans une pareille contrée, il n'y a plus de sol fertile, plus d'eau, *plus d'air renouvelé* et *tempéré par l'évaporation incessante* de ces grands végétaux, plus d'animaux utiles, plus aucune de ces ressources naturelles si diverses, si indispensables à tous; et que fournit, avec luxe, la végétation arborescente, pour l'habitation de l'homme et des animaux, *pour leur vie commune.* — Car, remarquez-le bien, nous ne saurions nous passer, *dans une certaine mesure*, de la permanence sur le sol que nous habitons, *de la végétation spontanée et sauvage de ce sol.*

Cette création primitive, Messieurs, dans son infinie variété, recèle en elle des influences cachées, tient en suspens, si je puis dire, une foule d'effets occultes que nous ignorons, mais dont nous dépendons bien certainement. Elle a enfin des utilités palpables de premier ordre, qui vous ont frappé sans doute, et auxquelles nous devons veiller.

Ainsi, par exemple, l'ancienne forêt domaniale de Bondy, aujourd'hui en partie détruite, était un lieu d'étude autrefois très apprécié des entomologistes et des botanistes. M. Adrien de Jussieu, le célèbre professeur de botanique rurale, y faisait une station spéciale chaque année, avec ses élèves. C'est vous dire quel intérêt cette fraction, cette petite parcelle de notre sol encore à l'état sauvage avait au point de vue scientifique. Mais, ce qui vous touchera le plus, Messieurs, vous savants pratiques, c'est que nous pouvons ajouter que cette forêt avait un intérêt non moins grand, au point de vue de l'utile, c'est-à-dire sous le rapport des services qu'elle rendait à *la thérapeutique et à l'agriculture.*

Chaque année, avec l'agrément de l'administration forestière, qui délivrait, moyennant la plus minime redevance, des permissions spéciales, il sortait de cette forêt des wagons entiers de plantes médicinales dirigés sur Paris. Puis, tous nos grainetiers des environs, les maisons les plus accréditées de la capitale, ne manquaient pas, chaque année, de se faire autoriser à y rechercher les semences de certaines espèces de graminées et légumineuses, dont les types dégénérés dans vos cultures étaient retrouvés là dans toute leur pureté, à certaines places de cette luxuriante forêt (1).

Il y a donc, vous le voyez, un rapport nécessaire entre la flore d'un pays et sa faune, ou, en d'autres termes, entre la *végétation* et *l'animalité d'une contrée*. L'existence sur la terre, à un point de sa surface, d'animaux de certaines espèces, dépend de la permanence en ces lieux là, de certaines espèces de plantes, du maintien de la flore et de sa végétation dans des conditions données ; ce qui veut dire aussi, comme corollaire, et en spécialisant cette relation, que chaque espèce d'animal, ainsi que l'homme lui-même, a besoin pour vivre et se propager sur un point, de trouver dans *les créations primordiales maintenues*, des conditions particulières d'habitation, et que, naturellement, plus ce lieu d'habitation, *cet habitat*, sera approprié aux besoins de l'espèce, mieux elle y vivra et s'y propagera.

Me voici donc amené, Messieurs, à vous parler du lieu d'habitation propre aux oiseaux, et de ce que doit être, en particulier, l'habitat des espèces insectivores dans nos pays tempérés pourqu'elles puissent s'y perpétuer.

§ III

De l'habitat des petits oiseaux. — Leurs mœurs et leurs habitudes.

Cette habitation spéciale à chaque famille animale, ce cantonnement de l'espèce dans la contrée, ou sous le climat qui lui

(1) La forêt de Bondy, d'une contenance de 1,200 hectares, est devenue propriété de l'État, à la suite des décrets de confiscation de 1852. Elle provenait de l'ancien domaine du roi Louis-Philippe. En 1859, le gouvernement impérial en a décidé le défrichement et l'aliénation par parcelles. Cette opération a reçu un commencement d'exécution jusqu'à concurrence de près de 600 hectares. La révolution du 4 septembre 1870 l'a interrompue. Il restait alors 500 hectares environ, dont la superficie, *futaie* et *taillis*, a été intégralement rasée en 1871, après la levée du siége, d'après les ordres du gouvernement d'alors, pour procurer, à l'instant même, du bois à brûler à la ville de Paris, et aussi, et plus encore, du travail à une partie de la population parisienne. Le fonds de cette partie non aliénée a été rendu aux anciens propriétaires, les princes de la maison de Bourbon-Orléans, en vertu d'un décret de l'Assemblée nationale.

est propre, à condition d'y trouver un *lieu de repos et de sûreté*, est un fait très-curieux à observer, et il donne la clef de la présence ou de l'absence de l'animal en un lieu.

Pour me restreindre ici, et ne parler que de la classe des oiseaux, vous aurez pu remarquer que les oiseaux de haut vol, tels que les Aigles, les Faucons, les Eperviers, les Corbeaux, les Pigeons-Ramiers, etc., ne se tiennent que sur les pics des montagnes, dans les hautes-futaies, sur les arbres les plus élevés des plaines ; que les oiseaux de vol moyen, tels que les Pies, les Geais, les Tourterelles, les Loriots n'habitent que dans les grands taillis, et ne se tiennent que sur les arbres de hauteur moyenne et assez branchus de la campagne ; qu'aux petits oiseaux, qui ne font que voleter, et dont les pattes sont minces et fines, d'une fort petite embrasse, tels que le Verdier, le Pinson, la Fauvette, le Rossignol, la Mésange, le Rouge-Gorge, etc., il faut les jeunes taillis fourrés, les bosquets de nos jardins, les haies, les buissons des champs ; aux oiseaux de rivage et d'eau, les rives boisées de nos cours d'eau et les hautes herbes des étangs et des marais ; enfin, aux oiseaux qui ne perchent pas, et qui se tiennent le plus souvent à terre, tels que, les Coqs de bruyères, les Gelinottes, les Perdrix, les Cailles, il faut les hautes herbes et les arbustes des bois et de la plaine.

Supprimez dans une région un peu étendue, l'un de ces modes de boisement, et les espèces d'oiseaux qui s'y abritent disparaîtront. Etendez, par la pensée, cette destruction jusqu'aux confins de l'Europe, ou mieux, du climat réputé propre à ces espèces, et elles disparaîtront complétement du globe, et la faune ornithologique générale comptera des lacunes irréparables.

Nous pourrions citer plus d'un exemple de ce genre, mais particuliers à notre pays et restreints aux lieux où nous avons pu exercer, pendant une série d'années, nos fonctions d'agent forestier. Nous avons pu très-facilement constater le rapport nécessaire et forcé qu'il y a, dans les forêts, entre un mode spécial de boisement et la propagation de certaines espèces d'oiseaux.

Ainsi, en 1845, — il y a trente-et-un ans, — quand j'arrivai comme garde général des forêts dans le cantonnement de Châtel-sur-Moselle (Vosges), je trouvai, dans les 7,000 hectares de bois feuillus qui formaient cette circonscription, une espèce de gallinacées que je ne connaissais pas : la *Gélinotte* ou poule de bois. Elle était encore assez abondante dans ces massifs, qui se composaient, pour les deux tiers environ de leur consistance, de très-beaux taillis sous futaie, charme, hêtre, chêne et bois blanc, mais où, pendant les quinze à vingt premières années de la Révolution, se mêlaient, *à l'état très-fourré*, diverses espèces d'arbrisseaux constituant ensemble ce que nous appelons les mort-bois. — C'était un gibier estimé que nous comptions dans le recensement de la population giboyeuse de ces forêts. Je restai six années dans cette localité, et, comme les opérations de nettoiement ou d'extraction d'épines, expurgade de mort-bois, commencées déjà depuis plusieurs années dans cette partie de la Lorraine, y prirent, pendant cette période, sous la direction du nouveau conservateur, une très-grande extension, il en résulta que, peu à peu, cette espèce disparut. Lorsque, par hasard, ce fait vint à me frapper et que je cherchai à me l'expliquer, mes investigations auprès des vieux gardes de la forêt et des anciens chasseurs du pays ne tardèrent pas à me fixer, en m'en faisant connaître la vraie cause. Tous s'accordèrent, pour attribuer la disparition de la gélinotte à l'enlèvement progressif, dans ces forêts, des fourrés qu'y formaient les *mort-bois*, c'est-à-dire cet ensemble d'espèces variées d'arbrisseaux, tels qu'épines, noisetier, troène, viorne, etc., au milieu desquels cet oiseau trouvait à se nourrir, à nicher et à se préserver de ses ennemis. — Ainsi, vous le voyez, messieurs, dans cette région, le forestier, en cultivant les bois, détruisait l'habitat de la gélinotte et travaillait, sans la moindre préméditation, à l'extinction de son espèce.

Quand on veut bien y réfléchir, pour tout esprit sensé, cette corrélation entre un type créé et son habitat est une évidence. — Une famille, une espèce ne peut se perpétuer que là où elle trouve son lieu propre d'habitation.

Mais, qu'est-ce qu'est bien, qu'est-ce que doit être l'habitat d'un animal, l'habitat d'une plante? car la plante a, tout aussi bien que l'animal, son lieu propre d'habitation. — *C'est le lieu*

— ainsi le définirai-je, — *où cet animal, où cette plante peut exister naturellement*, c'est-à-dire, sans le secours de la moindre circonstance artificielle; et, pour rentrer immédiatement dans mon sujet; l'habitat du petit oiseau, en particulier, doit remplir ici trois conditions :

1° Le petit oiseau doit pouvoir, en partie, s'y nourrir, principalement l'hiver, quand il n'y a plus d'insectes ailés et mouvants disséminés dans la campagne.

2° Il doit pouvoir s'y reposer solitairement, sous l'ombrage, quand il est repu et fatigué ; et y trouver aussi, le cas échéant, un refuge impénétrable contre son premier ennemi, l'*oiseau de proie*, qui ne cesse de le guetter.

3° Enfin, il faut qu'il puisse y nicher et y élever ses petits.

Les oiseaux ont donc trois préoccupations instinctives puissantes, qui les absorbent, et *auxquelles ils doivent obéir* : la recherche de leur subsistance, travail incessant motivé par l'activité de leur circulation ; la propagation de leur espèce ; la défiance et la mise en garde contre l'ennemi.

L'oiseau insectivore, dans le climat qui lui est propre, ne s'arrêtera donc que sur les points de la région où il trouvera ces conditions d'existence. Que l'une d'elles manque, il passera outre et cherchera plus loin son habitat.

Comme vous le voyez : trouver en un lieu de quoi subsister, n'est pas pour lui suffisant; car, une fois repu et fatigué par la recherche de sa pâture, il lui faut un *lieu de repos* et un abri contre tout danger. De plus, au printemps, quand vient le moment de l'effervescence passionnelle et que ces oiseaux se sont accouplés, ils cherchent à s'isoler et veillent, jusqu'au combat même, à ce que des congénères ne s'approchent pas trop près d'un certain rayon, qui a été le lieu choisi pour la construction du nid. — Il faut donc qu'il y ait dans la localité où passent les oiseaux migrateurs, quand ils nous reviennent d'Afrique, d''Italie ou de la Provence : — si la localité est d'ailleurs dans la zone favorable à leur station : — il faut qu'il y ait, indépendamment de la nourriture qui leur est propre, *et quelle que soit son abondance*, une étendue suffisante du *boisement spécial à leur espèce*, afin qu'ils puissent cohabiter en ce lieu sans se gêner. ... Si ce boisement manque, un nombre restreint de couples s'arrêtera, nombre quelquefois insuffisant pour contrebalancer l'influence nuisible que nous nous proposons d'atténuer; c'est-à-dire, vous l'avez parfaitement compris, pour absorber et détruire ces générations d'insectes, qui vont se produire par millions en l'endroit.

Maintenant, parmi ces pléiades d'oiseaux qui nous reviennent, quels sont ceux qui s'arrêteront et prendront possession des premiers habitats? Ce sont les plus forts, les plus anciens, nécessairement les plus expérimentés. Après une certaine lutte, ils arrivent à chasser les autres. Ceux-ci vont alors chercher plus loin un lieu de station complétement propice. S'ils ne le rencontrent pas à temps, le moment de l'effervescence se passe, ils ne s'accouplent pas. C'est un déficit dans la reproduction, et ces individus vivent, comme ils peuvent, là où ils se sont arrêtés à la longue, et par nécessité, uniquement alors pour subvenir à leur subsistance.

Comme vous pouvez le comprendre, de grandes plaines cultivées ne fixeront donc pas les oiseaux insectivores, s'il n'y a pas çà et là dans ces plaines, et le long des chemins qui les sillonnent, des arbres, des haies et des buissons, des remises ou parcelles de bois. Ce boisement est indispensable pour les fixer et les retenir, ou, tout au moins, les attirer momentanément et leur offrir un refuge en cas de danger et de poursuites, lorsque, d'un lieu voisin où ils stationnent, ils y viennent en chasse.

Car, vous avez pu le remarquer, c'est d'arbre en arbre, de buisson en buisson, que ces oiseaux circulent et se meuvent. Les grandes portées de vol leur sont impossibles, ne sont pas dans leurs allures. Ils ne peuvent donc s'aventurer dans les plaines pour y chercher les insectes; à moins de s'y épuiser de fatigues et de s'exposer à être pris par l'oiseau de proie; s'ils n'y trouvent pas ces haltes et ces refuges. L'oiseau de proie a le temps de fondre sur le petit oiseau, lorsque celui-ci n'a pas à sa portée des buissons fourrés. J'insiste sur ce mot *fourré*, parce que c'est dans les haies et buissons épineux et très-touffus que le petit oiseau pourra se mettre en sûreté, en cas d'attaque, et se dérober à la poursuite de son ennemi, en circulant de buisson en buisson. — L'épervier, quelque agile qu'il soit, s'il entre dans le fourré, ne s'y faufilera jamais aussi vite que sa proie. Il sera arrêté par ce dédale de brindilles entrelacées, souvent mêlées de hautes herbes, et ces temps d'arrêt donneront le temps à la victime de s'échapper, ou, de guerre lasse, de se blottir quelque part, et de se tenir cachée jusqu'au départ de son ennemi.

Pour beaucoup d'entre vous, Messieurs, ces détails sont superflus, sans doute; mais pour d'autres, pour le grand public, pour le monde même de ces régions élevées, d'où doivent précisément partir l'initiative du mouvement protecteur des oiseaux et l'élucubration des mesures efficaces à prendre dans ce but, on les ignore complètement; je ne crois donc pas inutile, pour le bien de la cause que nous prenons en mains, d'insister sur les habitudes de ces intéressants animaux.

D'un autre côté, vous le savez, c'est par un détail souvent, que l'homme étranger à une question la saisit; puis, c'est par l'ensemble des faits aussi et toujours que les initiés eux-mêmes, les érudits, ou bien les esprits craintifs et un peu objectifs, se décident à l'adopter, et à céder sur le terrain de la controverse.

De 1852 à 1866; j'habitais alors Paris; j'ai constamment entendu, pendant la saison d'été, chanter le rossignol, la fauvette, la mésange, dans l'ancienne pépinière du jardin du Luxembourg, dont les allées sinueuses et délimitées par des treillages, étaient ombragées par des bordures très-fourrées d'arbrisseaux d'espèces variées, existant sur 4 mètres de largeur; et que surmontaient çà et là, quelques arbres fruitiers, ou d'agrément, de moyenne hauteur.

Le jardin public de Meaux, sur les bords de la Marne, offrait le même agrément il y a quelques années, alors que son boisement était plus complet et qu'il était peut-être aussi moins piétiné par les jardiniers, et plus garanti des incursions du public à de certaines heures; car j'y ai entendu chanter les mêmes oiseaux en 1866, lorsque je suis arrivé dans cette ville, et pendant quelques années encore après; voici trois années que je ne les y entends plus.

L'ombre, la solitude, la sûreté contre toute surprise, l'*assurance de n'être point aperçu* : voilà ce que recherche le petit oiseau pour se reposer et placer son nid. De là, pour nous, si nous voulons les retenir pour notre utilité dans nos plaines, et et pour notre agrément dans nos petits bosquets, nos promenades publiques et nos jardins, l'attention de ne point trop faire nettoyer les massifs, et de s'abstenir d'y pénétrer souvent *surtout au moment de l'incubation.*

La plupart de vous, messieurs, connaissez sans doute les espèces d'oiseaux à la conservation des quels nous devons nous intéresser avec autant d'attention.

Ce sont ces nombreuses tribus *d'oiseaux chanteurs* : car on les nomme encore ainsi parce que le plus grand nombre d'entre eux chantent agréablement : qui vivent plus spécialement d'insectes, de pucerons, ainsi que de leurs larves et de leurs œufs. Mais nous ferons observer, cependant, que sauf de rares exceptions, ces espèces ne sont pas exclusivement insectivores, et s'alimentent aussi plus ou moins, et suivant la saison, des petites graines et des baies que produisent chaque année, abondamment les arbrisseaux d'essences variées de nos haies et buissons, et qui se mêlent aussi dans les premières années, au recru de nos taillis. Mais, ne l'oublions pas, leur principale nourriture : *ce sont les insectes* : d'où leur nom générique *d'oiseaux insectivores*, sous lequel on les connait, et on les désigne le plus ordinairement.

Une nombreuse tribu des oiseaux insectivores est encore désignée par les naturalistes, sous le nom général de *becs-fins*, à cause de la construction toute particulière de leur bec, lequel est droit, menu et semblable à un poinçon, fait, en un mot pour écraser et perforer des corps mous, tels que les insectes sans élytres et les baies de nos arbustes ; et non pour casser et broyer des graines.

Presque tous les oiseaux qui font des insectes leur nourriture principale, sans distinction de tribus, sont compris dans le grand ordre naturel des PASSEREAUX, le plus nombreux de la *classe des oiseaux.*

Et, voici dans cet ordre, les espèces plus ou moins insectivores mais toutes *principalement insectivores* cependant et qui, *à ce titre*, doivent absolument fixer notre attention :

L'Etourneau, — *le loriot*, — *le merle*, — *la grive et le mauvis*, — *le becfigue*, — *les mésanges*, — *les fauvettes*, — *le rossignol*, — *le traquet ou oiseau des ronces*, — *le rouge-gorge*, — *le gorge-bleu*, — *le rouge-queue*, — *les grimpereaux*, — *le roitelet*, — *le motteux ou cul-blanc,* — *le troglodyte,* — *les bergeronnettes,* — *les lavandières,* — *les hirondelles et les martinets,* — *l'engoulevent* (1).

Puis, dans L'ORDRE DES GRIMPEURS : les *pics*.

A un moindre degré, nous devons aussi notre protection aux espèces suivantes, elles, plutôt granivores qu'insectivores, mais qui cependant, à un certain temps, pour elles-mêmes, quand les graines manquent, ou par choix, pour leurs petits, au moment des couvées, recherchent des espèces d'insectes à leur convenance, et font une grande destruction, soit de l'animal à l'état parfait, soit de sa larve.

Ce sont : *le chardonneret,* — *le pinson,* — *le linot,* — *le moineau proprement dit* (2), — *le verdier,* — *le bouvreuil et l'alouette.*

Il y a encore d'autres oiseaux utiles à l'agriculture, mais il ne s'agit ici que de l'intervention des oiseaux dont l'action est vraiment prépondérante.

Maintenant, il ne faut pas perdre de vue que le bienfait qu'on doit en attendre résulte de cette action prise dans son ensmble : chacune venant à son heure et s'appliquant parfois à une espèce ou à des espèces toutes spéciales d'insectes.

D'ailleurs, en prenant pour règle ce principe proclamé, à si bon droit, par la société protectrice des animaux : *intérêt et protection à l'animalité prise dans son ensemble* ; *point de destructions inutiles et sans but,* nous ne risquerons jamais de nous tromper.

La plupart de ces oiseaux nichent dans les jeunes taillis des bois — dans les fourrés de nos jardins et des haies — dans les buissons des champs.

Quelques-uns : le loriot, le merle, la grive ; sur des arbres peu élevés ; le pinson, le chardonneret sur les arbres fruitiers de nos jardins et vergers.

D'autres, à terre ou presque à terre : comme le motteux, sous une motte d'un champ labouré ; la bergeronnette, sous une petite butte gazonnée d'un terrain inculte ; la lavandière, sous des racines, au bord des eaux.

(1) Engoulevent, vulgairement appelé *Crapaud-Volant,* puis *Tête-Chèvre.*

(2) Quand il y a des hannetons, le moineau en fait une prodigieuse destruction pour nourrir ses petits. Nous avons assisté curieusement à cette chasse, qui est incessante.

Plusieurs genres : tels que le moineau, l'hirondelle et le martinet et quelquefois le rouge-gorge, à diverses places de nos habitations et de nos halliers.

Enfin : l'étourneau, les grimpereaux, le roitelet et quelques mésanges, dans les trous des rochers, des masures et des vieux arbres ; les pics, dans les troncs d'arbres dépérissants qu'ils creusent souvent eux-mêmes ; plus souvent, dans les arbres de bois tendre, comme trembles ou marsauts plutôt que dans les chênes (1).

Ces oiseaux nous quittent presque tous à l'automne, pour revenir au printemps. Nous disons *presque tous*, parce que quelques espèces, ou variétés d'espèces, en petit nombre, passent la mauvaise saison dans notre région. Ceux qui émigrent vont chercher dans les régions plus chaudes ces mêmes insectes qui leur manqueraient, l'hiver, dans le nord. — Mais, ce qu'il ne faut pas oublier, c'est que c'est dans notre région que ces oiseaux se plaisent le mieux, qu'ils stationnent le plus longtemps, et, observation capitale à faire ! ! QU'ILS NICHENT ET SE REPRODUISENT. Nos contrées sont donc leur *vrai lieu d'habitation* : de là, pour nous, habitants du nord, l'obligation de veiller à ce que cette habitation ne leur devienne pas impossible, et leur soit conservée DANS LES CONDITIONS NATURELLES NÉCESSAIRES A LEUR STATION...

Nous avons dit que tous ces oiseaux vivaient d'insectes. Cela est vrai ; mais nous avons ajouté : qu'un certain nombre, *le plus grand nombre même*, presque tous ceux de notre première division était aussi FRUGIVORES... c'est-à-dire qu'ils s'alimentaient de fruits, de ces petites baies que produisent chaque année, à profusion, la végétation arbustive des bois et des champs. Par conséquent, en détruisant cette végétation dans la

(1) La classification qui précède, basée sur le régime des oiseaux, ainsi que les indications que nous donnons sur leur mode de nicher, résultent, indépendamment de notre propre expérience, de la lecture attentive que nous avons faite des descriptions détaillées de Buffon.

Nous nous sommes reportés aussi aux éléments de zoologie de M. Milne-Edwards, 2e édit., 1842, très-concis quant à la partie descriptive.

campagne, ce boisement tout spécial, (1) où nous vous avons expliqué que ces espèces d'oiseaux se tenaient et nichaient, non-seulement nous détruisons leur habitation naturelle ; mais nous leur enlevons aussi une *partie indispensable* de leur nourriture. C'est surtout l'hiver, pour nos espèces sédentaires, que la suppression de cette ressource se fait sentir, parce que cette prodigieuse quantité de graines et de fruits non consommés en été, tombe sur le sol et constitue sous le buisson mêlés aux feuilles et aux herbes sèches qui les conservent, *un véritable grenier d'abondance*, où les oiseaux savent bien fouiller, en temps de gelée et de neige, lorsque la disette sévit si rudement pour ces animaux.

Pendant la saison d'hiver, l'habitat des petits oiseaux, tel que nous venons de le décrire, et tel qu'il le leur faut, est absolument nécessaire, pour traverser cette rude saison, aux espèces qui nous restent, et, qu'au même titre que leurs congénères, les migrateurs, nous avons tant d'intérêt à conserver. Or, on ignore trop que ces oiseaux souffrent du froid comme nous, lorsque ce froid dépasse un certain degré, et qu'ils cherchent à s'en garantir, par tous les moyens possibles, surtout la nuit, alors qu'ils ne sont plus en mouvement. — Quand la température se maintient très-basse, longtemps ; qu'en outre, le sol est couvert de neige, la privation de nourriture, se joignant à l'influence climatérique, un grand nombre de ces petits animaux, ne peuvent résister, et meurent ; et, d'autant plus facilement : on le comprend : qu'ils n'ont pu trouver, pour se reposer le jour, et dormir pendant la nuit, une habitation qui les mettent un peu à l'abri des frimats.

Dans les campagnes encore pourvues de ce boisement dont nous nous attachons à vous faire reconnaître toute l'utilité, les oiseaux vont se blottir, l'hiver, *pour passer la nuit*, dans les endroits les plus fourrés et les mieux garantis de la brise qu'ils peuvent trouver. Ils recherchent les arbres verts, les sapins, les ifs et s'y agglomèrent. Ils se placent au milieu des

(1) Ce boisement se compose ordinairement, dans notre région, des espèces suivantes : Epine noire, épine blanche, cornouiller, viorne, sureau, églantier, troëne, bois de Sainte-Lucie, fusain, ronces, etc

touffes de feuilles sèches que conservent, l'hiver, les chênes et les charmes. — Ils se mettent dessous, se rapprochent les uns des autres, et ne perchent pas haut, à tel point qu'on peut quelquefois les prendre à la main. On les trouve encore : certaines espèces : sous les toits de nos maisons; d'autres, dans les trous d'arbres.

A notre dernière séance, vous avez peut-être retenu ce fait rapporté par M. l'abbé Denis, dans son savant ouvrage manuscrit de l'histoire de l'agriculture en Brie, dont il nous lit de si intéressants fragments : — c'est que dans un des hivers les plus rigoureux que nous ayons ressenti, en France, et probablement en Europe, en 1400 et quelques, l'on trouva morts de froid et de faim, dans un vieux tronc d'arbre, où ils s'étaient réfugiés, quarante oiseaux de diverses espèces.

Il y a 45 ans, en 1831 et 1832, mon frère et moi, accompagnés du domestique de la maison qui savait nous faire plaisir, en nous le proposant et avec l'autorisation de notre père, nous allions trois ou quatre fois pendant les froids les plus rigoureux de l'hiver, exercer un mode de chasse précisément fondé sur cet instinct qu'ont les oiseaux, pendant cette rude saison, de rechercher, pour la passer, les habitats les plus fourrés, les plus abrités ; et de s'y poser, pour passer la nuit, *à portée de main d'homme*. — Munis d'un petit sac, d'une lanterne sourde et d'une gaule de 1 m. 50, terminée par une planchette large comme les deux mains, nous partions, à la nuit, explorer les haies, et les lisières boisées, aux alentours des villages de Vaucourtois, Sancy et Coulommes, qui étaient encore, à cette époque, ainsi que je l'ai dit plus haut, pourvus de leur boisement. Or, — il nous arrivait quelquefois de pouvoir prendre les oiseaux à la main. La lanterne servait à éclairer le dessous des arbres pour y distinguer les oiseaux ; puis, à éclairer ensuite le sol pour les y trouver, lorsque trop haut perchés pour être saisis à la main, on les avait abattus, à l'aide d'un coup de planchette. Nous rapportions ainsi une vingtaine d'oiseaux : merle, grive, pinson, moineau, fauvette, mésange et rouge-gorge. — Les oiseaux ayant, comme l'on sait, le sommeil très-léger, beaucoup nous échappait, quelques précautions que nous prissions pour ne point les éveiller.

Tous ces oiseaux circulent et se mêlent assez entre eux, en dehors du temps de l'incubation, poussés qu'ils sont par l'instinct de chercher leur subsistance partout où il peuvent la trouver ; cette subsistance pouvant abonder en un même lieu, et convenir indistinctement à plusieurs espèces. Sous ce rapport, les champs, les plaines cultivées, les jardins, les petits bois sont des lieux d'attraction communs à tous, pendant l'hiver.

Par exemple, il est facile de les y surprendre par bandes, y cherchant leur vie ; et on les voit se réfugier, en foule dans les *mêmes buissons, sur les mêmes arbres*, lorsqu'on les inquiète.

On comprend donc facilement que, si dans une contrée il n'y a pas de boisement du tout, il n'y aura absolument pas d'oiseaux; et que si elle est boisée, suivant que ce boisement revêtira tel ou tel caractère. les oiseaux y abonderont et certaines familles, certaines espèces, plutôt que d'autres; par cette simple raison que celles-là y auront mieux trouvé leurs lieux d'habitation.

Il y a là une loi naturelle, une règle, une question d'ordre, dont il faut que nous soyons convaincus. Nous avons cherché à bien la mettre en lumière, afin que le fait de la dérogation à cette loi soit également bien saisi, et que, par suite, nous puissions plus facilement conquérir les volontés nécessaires pour y apporter remède. Si nous y arrivons, ce sera un retour à l'ordre de choses voulu par la Providence.

Quel est le dommage qui résulte pour nous de la disparition des oiseaux insectivores?

Depuis longtemps déjà on a supputé ce dommage, et par contre, les avantages que nous recueillerions d'une autre proportionnalité de la population des petits oiseaux en France.

Dans le projet de loi, par lequel MM. de la Sicotière, Grivart et Bouillet demandent au Sénat de protéger *les petits oiseaux*, comme d'utiles auxiliaires aux agriculteurs, il en est question, et l'on pose des chiffres. — Nous puisons ce renseignement dans le journal *la France Nouvelle*, numéro du 18 juillet 1876; nous vous demandons la permission de citer textuellement :

« La mésange est une des espèces les plus voraces, M. Girar-
» deau-Leroy a calculé que 45,000 chenilles, vers et autres
» insectes avaient servi à l'alimentation d'une seule nichée. Un

» roitelet, *le plus petit de nos oiseaux*, mange des milliers de » chenilles en un jour.

« Enfin, des expériences faites avec soin ont fait retrouver » dans l'estomac du martinet et de la fauvette d'hiver, une » moyenne d'environ 300 insectes engloutis dans l'espace d'une » journée.

« Malgré ce concours de la gente-ailée, c'est encore à » 300 millions de francs que l'on porte l'estimation des dégâts » que font subir annuellement à l'agriculture les parasites dont » les oiseaux font leur nourriture habituelle. Il est vrai que l'on » porte à 20 millions la quantité d'œufs que détruit, à chaque » printemps, l'industrie des dénicheurs.

« Ces deux chiffres s'équilibrent à peu près, et l'on peut » compter que les 20 millions d'oiseaux que nous laissons sotte- » ment détruire, nous préserveraient des insectes qui nous » causent 300 millions de dégâts. Ce serait pourtant bien » simple de combattre le mal par le remède que la nature nous » offre. »

§ IV.

Cause du déboisement de la campagne et moyens d'y remédier. — Un mot sur la répression en matière de délits de chasse aux petits oiseaux.

Cette cause est complexe.

La population, en déboisant, obéit à divers mobiles, lesquels cependant dérivent des trois principes suivants :

1. La législation actuelle sur les héritages qui, en autorisant chacun des co-partageants à exiger sa part en nature des immeubles de la succession, amène une subdivision de la propriété contraire au maintien de son boisement (articles 815, 826 du code civil);

2. L'appât du gain, la convoitise d'un bénéfice à réaliser, d'une plus-value à obtenir sur le revenu ;

3. L'ignorance.

Nous ne posons pas ces causes, *à priori*, dans l'intérêt du thème que nous soutenons. Nous nous sommes adressés aux intéressés eux-mêmes : Et ce sont leurs réponses, ainsi que nos propres observations, qui nous ont permis de les discerner.

Vous allez pouvoir en juger, messieurs. Voici cette enquête toute fortuite, faite au jour le jour, depuis bientôt dix ans, sans le moindre soupçon, au début, du résultat qu'elle pourrait avoir et à laquelle, finalement, nous devons ce faisceau de preuves qui donnent corps aujourd'hui au sujet que nous avons l'honneur de vous exposer.

Un jeune cultivateur de la commune de Férolles, près de Crécy-en-Brie, que je voyais, dans le courant de l'automne de l'année 1869, abattre et défricher une portion de lisière boisée qui séparait un beau clos d'un chemin rural conduisant au village, interrogé par moi sur la raison qui le poussait à se priver ainsi d'une clôture si bien venante et qui, d'ailleurs, traitée en coupe réglée d'émondage et de recépage tous les cinq ou six ans lui assurait un chauffage, me répondit que lui, il l'aurait bien gardé cette lisière, s'il avait été possesseur de tout le clos, mais que ses co-héritiers, par suite d'un partage récent qui venait d'être fait, ne voulant pas garder la lisière de leur quote-part, la sienne n'aurait plus sa raison d'être et isolée occasionnerait d'ailleurs, *exclusivement*, un certain préjudice à ses voisins, lesquels ne manqueraient pas de se plaindre ; que pour éviter toute discussion et tout désagrément il s'était déterminé à les imiter.

En 1866, frappé du déboisement des communes de Sancy et de Vaucourtois, communes où j'avais passé ma première jeunesse, et les voyant presque complétement dépouillées de leurs bois de lisière, le long des chemins et des héritages en nature de prés, j'en demandai la cause à un des cultivateurs les plus intelligents de cette dernière commune, lui-même intéressé dans la question comme propriétaire de quelques portions de ces clos. M. B...., que je connais très-particulièrement, aujourd'hui une des autorités de ce village, me répondit : que les lisières d'autrefois causaient du dommage aux prés ; qu'on préférait avoir plus de foins et moins de bois ; que jusqu'à présent on n'avait pas trop manqué de bois ; que, quant aux lisières mitoyennes, on n'était pas toujours libre de conserver sa moitié ;

que cela dépendait du bon vouloir du voisin; qu'il fallait être d'accord ; que, sinon, la volonté de l'un de détruire sa lisière, forçait l'autre à en faire autant : le maintien de celle-ci étant une cause de préjudice que le voisin ne consent plus à supporter : que la division de la propriété, en amoindrissant la part de chacun, incitait naturellement à chercher à tirer un parti plus avantageux et immédiat de ce qui lui restait, sans se préoccuper de l'avenir ; que le foin se récoltait chaque année, tandis qu'il fallait attendre le bois des années... ; que, d'ailleurs, aujourd'hui l'on devenait de moins en moins facile les uns vis-à-vis des autres, ce qui empêcherait de longtemps qu'on replantât des lisières et mêmes des haies tondues pour séparer les héritages.

Cette cause première du déboisement des campagnes dérivant du morcellement de la propriété et de l'appauvrissement égal des co-partageants, appauvrissement qui pousse chacun à augmenter les ressources restantes par des combinaisons diverses, trouve une application bien plus frappante encore, et de longue date, dans le défrichement des forêts et leur conversion en cultures arables; mouvement qui est loin de se ralentir et qui aura assurément pour conséquence finale de réduire considérablement un jour, et assez pour nous être préjudiciable, la superficie boisée possédée par les particuliers, superficie qui entre encore aujourd'hui pour plus de moitié dans la consistance totale de cette nature de propriété, laquelle est d'environ neuf millions sur le sol de la France (1).

Pendant le cours de notre carrière, mais plus particulièrement pendant les treize années que nous avons géré la sous-inspection de Paris, de 1853 à 1866, circonscription qui comprenait alors le département de la Seine et les quatre cinquièmes de celui de Seine-et-Oise, nous avons pu très-exactement et très-sûrement, par nos rapports nécessaires et fréquents avec les propriétaires de bois, apprécier les motifs qui les décidaient à se défaire de leurs bois. Or, le plus souvent, il y avait obligation de la part des anciens propriétaires d'en agir ainsi :

(1) L'État ne possède que 1 million 58,000 hectares; les communes près de 3 millions.

obligation survenant à la suite d'un partage, aucun héritier ne pouvant prendre à sa charge toute la propriété. Alors, la division de la forêt entre plusieurs forçait à détruire ou à modifier son aménagement. De là à une demande en défrichement, dans le but de retirer un revenu plus élevé de chaque lot converti en terre arable, il n'y avait qu'un pas à faire, et ce pas on le faisait. Ou c'étaient les propriétaires eux-mêmes qui défrichaient et tiraient parti du sol en le louant à des cultivateurs, ou, d'autres fois et même le plus souvent, la forêt était vendue en bloc à un spéculateur ou à une association de spéculateurs, qui trouvaient là à faire une opération très-profitable. Bien heureux, dans ce temps-là, lorsque le gouvernement n'incitait pas lui-même, indirectement, à de pareilles opérations, en faisant décider l'aliénation de belles forêts domaniales situées en plaine, sur lesquelles se jetaient, comme sur une proie attendue, toute une pléiade de gens qui avaient besoin de s'enrichir (1).

Nous revenons à notre enquête toute spéciale sur le déboisement des champs en Brie.

Un des plus aisés jardiniers-maraîchers de Meaux, M. X..., avec lequel j'avais du plaisir à causer, il y a peu d'années, quand il vivait, me faisant un jour les honneurs de sa belle culture maraîchère-horticole, me disait, à propos des observations critiques que je lui adressais sur le défrichement d'une haie qui séparait un de ses champs d'un sentier communal : « ...Que ce n'était pas avec son agrément que cette haie avait été arrachée; que son fils, qu'il avait associé depuis quelque temps à ses travaux, le lui avait demandé bien des fois; qu'il avait d'abord rejeté sa proposition, mais que ce dernier revenant à la charge, il avait fini par céder. » Et il ajouta : « Il en sera de même bientôt de mes beaux fruitiers plein-vent que vous venez d'admirer... Que voulez-vous? les jeunes gens, aujourd'hui, ne veulent plus d'arbres. »

(1) Le projet de loi de M. Fould, en 1865, tendant à l'aliénation de forêts domaniales jusqu'à concurrence d'une somme de 100 millions, a été une de ces incitations. Ce projet n'a pas abouti. Sous la pression de l'opinion, assez vivement émue de cette mesure, la Chambre s'est montrée peu disposée à l'accueillir, et le ministre l'a retirée.

M. X..., d'une commune voisine de cette ville, et que je connais beaucoup, un des cultivateurs les plus expérimentés des environs, déjeunait un jour chez moi. Ayant appris, dans le cours de notre conversation, que j'étais dans les meilleurs termes avec le possesseur d'un champ dont il venait de se rendre locataire, me pria instamment de vouloir bien obtenir de lui qu'il consentît à faire abattre une rangée de vieux saules qui nuisaient à sa culture. J'eus occasion, en effet, d'en parler un jour à M. D..., de Meaux, mais sans le moins du monde insister, me bornant simplement à lui présenter la requête de son tenancier, et laissant cela à sa propre appréciation. — Une année au moins venait de s'écouler; je me retrouvai de nouveau en présence de M. X..., et les saules n'avaient point encore été arrachés. — Nécessairement, la demande fut renouvelée, et avec plus d'insistance. Je dus alors écouter plus sérieusement M. X..., et, me posant cette fois comme juge de l'opportunité de l'opération, je lui demandai de vouloir bien me dire quel pouvait être le dommage annuel causé au champ par ces arbres. M. X..., après l'avoir supputé, l'évalua à *huit francs*.

Sur cette déclaration, je lui tendis la main et je lui dis que je n'en parlerais pas à son propriétaire; que ce dommage était vraiment trop minime, eu égard à sa situation aisée et aussi au produit du champ en souffrance, pour que je prisse sa demande en considération; qu'il me semblait que sa position lui permettait de supporter ce faible préjudice. Et, lui expliquant alors les avantages qu'il y avait pour les agriculteurs à avoir un pays suffisamment boisé, et par cela même suffisamment peuplé d'oiseaux insectivores, je lui fis comprendre la différence qu'il y avait entre l'intérêt général et l'intérêt particulier; je lui dis que ces deux intérêts étaient solidaires l'un de l'autre; que le second était, plus qu'on ne le croyait, dépendant du premier, et qu'il convenait parfois, dans une certaine mesure, mais alors *de bonne volonté* et par conviction, de s'imposer quelques sacrifices pour le bien de tous. Puis, envisageant le côté pratique de la question, j'ajoutai que ces vieux saules pouvaient abriter, chaque année, une ou deux nichées de mésanges, de roitelets ou d'étourneaux, nichées dont l'alimentation nécessiterait la destruction de plus de trente mille insectes d'espèces diverses, nuisibles aux cultures des champst des jardins.

Comme M. X... est un homme éclairé et vraiment distingué parmi les campagnards, il se laissa facilement convaincre. Il ne fut plus question de l'arrachis des saules, et il m'assura qu'il serait, à l'avenir, protecteur des petits oiseaux comme je l'entendais.

L'ignorance est aussi, de la part des cultivateurs, une cause de déboisement. Un grand nombre de campagnards arrachent leurs haies et les buissons épars voisins de leurs champs, parce que, disent-ils, cette végétation arbustive, presque toujours assez touffue, *engendre la vermine*. Et ils entendent par là tous ces insectes, tels que *chenilles*, *coléoptères*, *pucerons*, *etc.*, et autres petits animaux, reptiles ou souris, auxquels, nécessairement, cette végétation sert de repaire. Cela est vrai. Mais ils ne se rendent pas compte, et c'est là où gît l'ignorance commune, que précisément parce qu'il y a des relations arrêtées entre la faune d'un pays et sa flore, des nécessités de rapprochement entre telle plante et tel insecte, tel animal, il n'y a dès lors aucun danger pour les plantes qu'ils cultivent à avoir ces buissons, et leur population toute spéciale à proximité.

Et, tout au contraire, ils ne remarquent pas que cette végétation arborescente éparse dans les campagnes, et qu'ils font disparaître, est le seul lieu de station possible de ces nombreux animaux créés dans le but de détruire quand il le faut, et ici par millions, et sans distinction d'espèces, tout aussi bien ceux des plantes agricoles que ceux des buissons et des arbres, ces myriades d'insectes de tous genres qui, dans des circonstances qui nous échappent, surgissent tout à coup et tendent à multiplier avec une abondance qui déconcerte l'homme... Et quels sont ces animaux si utiles? Les oiseaux, messieurs, nos oiseaux insectivores.

Ainsi, nos paysans, pour se garantir d'un mal le plus souvent imaginaire, détruisent le remède infaillible et permanent qu'ils ont entre leurs mains pour se préserver de maux réels, et ils annihilent le moyen que la Providence leur ménage pour prévenir, avec certitude, certains mécomptes, et pallier les fléaux auxquels ils sont exposés depuis que l'agriculture a réalisé tant de progrès. Car c'est en progressant et en s'étendant que la culture a rompu ces équilibres naturels préexistants, si indispensables. Créer d'autres équilibres, trouver des contre-poids nouveaux aux forces naturelles nouvelles que nous avons développées, tel est le problème qui se pose à cette heure.

Il est évident, vous l'avez compris, que nos cultures de plantes perfectionnées se déployant sur d'immenses étendues, exclusivement à toutes autres espèces de plantes, sont autant de lieux favorables à l'acclimatation et au développement, sur la même échelle, des animaux destinés à vivre sur elles, A VIVRE D'ELLES POUR LES DÉTRUIRE. — *Ceci est dans l'ordre*, car la nature, — prenons la peine de l'observer dans ses effets multiples et variés à l'infini, — est réfractaire à toute idée d'exclusion. Nous ne devons donc pas nous étonner que, là où nous prétendons limiter sa puissance et sa fécondité, en uniformisant les cultures, elle nous oppose un frein, elle élève une barrière. Il faut donc nous résigner à admettre, comme une conséquence tout à fait rationnelle de ce que nous avons fait, ces fléaux qui nous atteignent et qui nous menacent encore ; cette propagation formidable de l'insecte philloxera, par exemple, puisque cette production marche de pair avec une culture extraordinaire de la vigne, culture qui, depuis vingt-cinq ans, — je ne saurais remonter au delà, — s'étend de plus en plus dans le midi et se substitue peu à peu, au moins dans le Languedoc où j'ai été témoin oculaire du fait, aux bois et garriques de cette région.

Nous n'aurons pas à nous étonner davantage, en apprenant que l'insecte *doryphora decemlineata*, animal qui habite sur la pomme de terre et vit d'elle, commence à exercer en Amérique, sur les cultures fort étendues de cette solanée, les mêmes ravages que le phylloxera exerce ici sur nos vignes, et que, par suite de nos communications avec le nouveau continent, cet insecte, arrivé en Europe depuis peu, adhérant à des tubercules exportés, menace de la même destruction nos récoltes. — Le *doryphora* est originaire des montagnes de l'Amérique; il y vivait depuis des siècles, maigrement, de quelques pommes de terre sauvages, à peu près grosses comme une noix, qui se mêlaient, en ce pays, à la végétation spontanée des montagnes.

— Les colons sont arrivés, ont défriché, puis introduit sur le sol nu les cultures propres à assurer leur alimentation. En première ligne, la culture de la pomme de terre y a été propagée et y est actuellement fort étendue. Le doryphora en a eu l'éveil, il est descendu de ses montagnes, s'est jeté sur cette pomme de terre perfectionnée, s'en est nourri, et, acquérant avec cette subsistance succulente et abondante une vitalité inaccoutumée, s'est propagé, lui aussi, avec une force d'expansion prodigieuse; à tel point qu'à l'heure présente, dans ces régions lointaines, l'action de cet insecte sur les cultures de pommes de terre est un fléau comparable à celui qui nous affecte dans la culture de la vigne.

Voilà donc, messieurs, — nous tenions à vous le faire toucher du doigt, un grand fait qui se généralise :

Les cultures perfectionnées de l'homme sont attaquées de tous côtés par les insectes, leurs parasites, et menacées de destruction.

En France, ce sont de magnifiques vignobles qui sont envahis et détruits par le puceron phylloxera.

En Amérique, ce sont des cultures immenses de pommes de terre qui sont ravagées et réduites à néant par le coléoptère doryphora.

Dans la Nouvelle-Zélande, ce sont toutes les récoltes, et principalement les arbres à fruits, qui, depuis plusieurs années, sont dévorées par les insectes; ce qui oblige le gouvernement de ce pays, à la demande des fermiers, à venir se pourvoir en Europe de cargaisons d'oiseaux insectivores, à réintroduire et à propager.

En Suisse, à notre porte, cette année, — ce que l'on n'avait jamais vu, — les chenilles ont détruit la récolte des choux, une des principales ressources alimentaires des habitants. Aussi, peuple sensé vient d'interdire la chasse pendant trois années, pour laisser les oiseaux insectivores se repeupler; les Suisses ayant remarqué, comme nous, que leur nombre allait toujours en décroissant.

Devant ces effets naturels, qui parlent d'eux-mêmes, qu'y a-t-il à faire?

Pas autre chose que consulter la nature et lui emprunter semoyens; créer, avec ses moyens, une force antagoniste capable de maîtriser celle qui nous nuit. Cette force, où est-elle? Dieu nous la donne dans une de ses créations merveilleuses. — Dieu a créé les oiseaux, et, dans cette classe d'animaux, nous trouvons précisément, et en grand nombre, des espèces spécialement organisées pour s'alimenter d'insectes. Que pouvons-nous désirer de plus? Voilà le moyen. Saurons-nous nous en servir? Oui, si nous y appliquons fermement notre volonté. Et cela est simple : il faut que nous sachions produire les oiseaux destructeurs des insectes, et dans une proportion qui soit en rapport avec la multiplication possible de ces derniers. Or, comme les oiseaux insectivores, par leur hygiène, leurs mœurs et habitudes, ne peuvent nous nuire en quoi que ce soit, nous ne courons aucun risque de les propager. C'est là une production dont nous devons nous préoccuper. L'on ne saurait produire et conserver ces animaux utiles sans en bien connaître les conditions de vie et de perpétuité. C'est ce que nous nous sommes attachés à vous faire saisir dans le chapitre précédent, en vous initiant à quelques détails de leurs mœurs et de leurs habitudes, et en cherchant aussi, pour vous y intéresser davantage, à vous faire regretter ce déboisement intempestif des champs, fait qui se lie intimement avec celui de la propagation de ces animaux.

Si vous avez bien voulu agréer ces considérations, vous aurez à tenir désormais, messieurs, à ce que notre pays conserve un certain état de boisement, et, pour y arriver, à vouloir deux choses :

1° Cesser de détruire la végétation arbustive de nos champs;

2° La faire reparaître là où elle n'existe plus.

Nous avons essayé quelquefois, dans le cours de nos promenades, de donner des explications et des conseils aux campagnards. Quelques-uns nous ont écouté avec attention et ont paru les accepter sans arrière-pensée; mais le plus grand nombre nous considérant avec défiance, prenaient peu garde à nos interpellations et continuaient à brûler et à essarter devant nous ces tronçons restant de lisières boisées et de haies, ou ces beaux buissons que nous aurions voulu sauver.

C'est au clergé d'abord, — car il y a là une question d'éducation et de morale que nous ferons ressortir plus loin, en peu de mots, — c'est au clergé, qui nous a le premier initié à la science de l'agriculture, et dont une des hautes missions est l'éducation des populations; puis, ensuite, au corps des instituteurs, chargés plus spécialement de leur instruction; auxquels incombe le soin d'éclairer à cet égard, avec autorité, les possesseurs du sol ; de les amener à reconnaître que leur intérêt n'est pas toujours exclusivement là où il y a un avantage matériel direct et individuel à retirer; que parfois aussi il est là où il y a un sacrifice à faire, le bienfait à en recevoir n'étant pas apparent.

Quels sont ceux qui doivent coopérer à cette reconstitution du boisement détruit ?

Ce sont, évidemment, les propriétaires du sol..... l'*Etat* — les *communes* — les *particuliers*.

L'*Etat* — que doit-il faire?...

L'Etat peut agir de deux manières : Directement par lui-même, pour la très-faible portion du territoire dont il a la gestion comme propriétaire ; et indirectement, comme autorité persuasive, et coercitive au besoin, auprès des autres propriétaires.

L'Etat peut agir directement comme propriétaire, par l'entremise de ses deux administrations des forêts et des ponts-et-chaussées.

Il peut prescrire à l'administration des Forêts de faire laisser, çà et là, sur quelques points des forêts domaniales, points à choisir de préférence sur les lisières, à proximité des lieux d'habitation, des emplacements non nettoyés, c'est-à-dire, non expurgés de ce que nous appelons en langage forestier, les mort-bois (épines, viorne, fusain, troëne, etc.), arbustes qu'on est dans l'usage d'enlever à des époques déterminées. Avec cette précaution, le fourré serait maintenu plus longtemps et les oiseaux de petites espèces trouveraient des endroits favorables pour construire leurs nids et s'abriter. Puis en ces places, et même sur tous les points de la forêt, il serait encore très-bon de laisser vieillir et pourrir sur pied quelques arbres ; les plus difformes et les moins beaux s'entend ; à prendre parmi les bois tendres aussi bien que parmi les bois durs. Ces arbres prédisposés à se creuser en vieillissant, seraient DES NICHOIRS NATURELS, à la convenance des espèces d'insectivores qui, tels que la mésange, le roitelet, le troglodyte. etc..., ne peuvent nicher que dans des trous d'arbres ou des anfractuosités de vieux murs et de rochers.

Ces emplacements intelligemment choisis, constitueraient dans les forêts de l'Etat DES RÉSERVES propres à la propagation des espèces d'oiseaux utiles aux cultures.

On ne saurait disconvenir que les opérations forestières connues sous le nom de *coupes d'amélioration* (nettoiement, éclaircie, extraction d'arbres morts et dépérissants), lesquelles doivent se renouveller fréquemment dans les massifs d'après les plans d'exploitation, en maintenant le dessous des peuplements toujours propre, clair et facile à parcourir, et en débarrassant le matériel, de tous les arbres morts, dépérissants, ou que des accidents de végétation ont rendu, avant le temps, creux et difformes; on ne saurait disconvenir, disons-nous, que ces opérations, très-judicieuses, au point de vue de l'accroissement du bois, ne soient, dans leurs effets mêmes, préjudiciables à la propagation des petits oiseaux, par la destruction constante et méthodique des milieux qui leur servent d'habitation.

Mais l'Etat, ne possédant que la soixante-quatrième partie du territoire, puisque les forêts domaniales n'entrent que pour 1 million d'hectares environ dans la superficie totale de ce territoire, on peut conclure de suite que son action, comme propriétaire du sol, est excessivement limitée.

Cependant il pourrait encore agir à ce titre, en prescrivant à l'administration des ponts-et-chaussées, partout où cette administration a le pouvoir de le faire, de multiplier, avec les plantations d'arbres qu'elle fait exécuter déjà, les petits boisements d'arbrisseaux sous forme de haies le long des routes, sur les talus, autour des places vagues servant de dépôts, partout enfin où, sur son domaine, elle pourrait substituer une végétation quelconque à l'aride. Les voies de communication sillonnant le pays en tous sens, on peut juger de l'efficacité de cette mesure recommandée à l'attention de ce corps d'élite et confiée à ses soins. Il ne serait pas nécessaire, pour remplir le but que nous nous proposons, de boiser *les routes sur toute leur longueur;*

il suffirait de boiser des fractions de routes, de distance en distance ; sections à désigner de préférence aux abords des sources, des petits cours d'eau et des vallons frais, parce que ces lieux plaisent aux oiseaux.

Les Communes et les Etablissements publics.

Les communes possédant, sur le territoire, environ 2 millions 500 mille hectares de bois, peuvent aussi, à l'instar de l'Etat, agir en qualité de propriétaire, et identiquement de la même manière que lui. Seulement, ici, l'initiative de toute mesure doit partir des conseils municipaux, sous la pression, au besoin, de l'administration des forêts à laquelle, on le sait, est confiée la gestion de cette propriété. Mais, là encore, *à ce titre de propriétaire*, l'action des communes et des établissements publics se trouve réduite à fort peu de choses, puisque la propriété boisée de ces corps communs ne couvre pas la vingt-cinquième partie du territoire et est massée, pour la plus grande partie, à l'est et au sud-est de la France ; inégale répartition qui ajoute beaucoup à son insuffisance, pour le but que nous voulons atteindre.

Toutefois, les communes, les *communes éclairées et intelligentes*, peuvent agir d'une autre manière. Elles peuvent profiter de la part d'autonomie dont elles disposent, pour prescrire sur leurs chemins vicinaux classés le même boisement que celui que nous venons de recommander de faire sur les routes plus importantes, dont l'entretien est confiée aux ponts-et-chaussées.

Les Particuliers.

Mais, en première ligne, ce sont les particuliers sur lesquels le pays est en droit le plus de compter. C'est nous qui pouvons le plus et le mieux agir, pour restaurer sur le sol, le boisement voulu pour la propagation et la conservation des oiseaux insectivores : pour deux raisons faciles à comprendre ; la première, c'est que ce sont les particuliers qui possèdent à peu près tout le territoire. Ils en possèdent environ les 5/6es : soit 54,176,830 hectares sur 63,212,196 hectares dont se compose la superficie totale. Dans ce chiffre de 54 millions d'hectares, en nombre rond, la propriété agricole, y compris la vigne, entre pour 45 millions. Or, c'est cette propriété agricole, vous le savez, qui a le plus à souffrir des ravages des insectes; la propriété forestière, relativement fort restreinte, comparée à la première, n'étant pas, à beaucoup près, aussi compromise par la même cause.

La seconde raison, et la plus puissante, à mon sens, de l'opportunité de votre intervention, se déduit de votre situation même de *propriétaire*. Cette raison est toute dans l'intérêt, intérêt complexe ici, que vous devez avoir à sauvegarder ce qui fait votre richesse en même temps que celle du pays. C'est aussi ce dernier côté de la question qui frappe, et, à juste titre, tous ceux qui ne possèdent pas; et ceux-là, vous le savez, sont en bien plus grand nombre que ceux qui possèdent. Ils trouvent, comme vous, une extrême gràvité au problème qui se pose, parce qu'ils savent très-bien que, du bon rapport du sol, fruit de vos efforts, dépendent, pour eux aussi, tout bien-être, toute aisance, et *une richesse relative*. C'est pour cela que, tout à l'heure, au début de cette étude, lorsque j'avais l'honneur de vous faire l'exposé de la question, j'étais fondé à vous dire que tous sans exception, que le public entier, prenait fait et cause, et assez vivement pour cette question de la conservation des petits oiseaux. Et de là, vous disais-je, ce mouvement général, en dehors même des possesseurs du sol, qui se manifestait.

La première et la grande initiative doit donc partir des possesseurs du sol arable; et cela, abstraction faite du tien et du mien, de ce sentiment exclusivement personnel qui ne voit rien au delà du profit immédiat à retirer de tout effort. Chaque propriétaire doit s'y employer, doit agir dans la mesure de ses moyens, proportionnellement à l'étendue possédée... Mais, mieux que cela, il doit agir dans la mesure de SA BONNE VOLONTÉ; car la bonne volonté, ici, résulte *d'un devoir à remplir*. Vous possédez, c'est vrai. Nous possédons; mais nous ne possédons pas seulement pour nous, nous possédons aussi pour ceux qui ne possèdent pas, et qui ne sauraient rester spectateurs indifférents du parti que nous savons tirer du sol. Cette bonne volonté, toute spéciale à laquelle je fais appel ici, cette obligation d'agir, d'une certaine manière, sur son bien, sur sa terre, dans l'intérêt de tous, est une conséquence du droit de propriété ; droit complexe, droit très-grand mais non absolu cependant ; notre législation en témoigne à chaque pas : et auquel il faut se soumettre, dans toutes ses conséquences, à moins *d'abdiquer son pouvoir*. Un homme qui possède de la terre, une portion du sol, est *une puissance, est un gouvernement*. Il est une fraction du gouvernement du pays, en ce sens que cette possession de premier ordre l'oblige, tout en ne perdant pas de vue son intérêt propre, à le sacrifier cependant, dans une certaine mesure, et à propos, afin de prendre, en ce moment-là, l'intérêt de tous. Car on est, en tant que propriétaire du sol, protecteur né de certains intérêts de la communauté. Ici, le particulier, le général, tout cela se tient, se confond. De là, une responsabilité avec tous ses devoirs : charges honorables, qui rehaussent le propriétaire, en consacrant sa dignité, et qu'il ne saurait décliner sans déchoir. Aussi, quand le propriétaire n'a pas conscience de cette haute position dans la société, et ne perçoit pas la ligne de conduite qui en découle, le pouvoir commun, le grand pouvoir se trouve-t-il dans l'obligation de la lui rappeler. C'est alors la loi qui impose dans l'intérêt de tous. Tel est l'ordre d'idées éminemment moral dérivant du fait de la possession territoriale, et dont la claire conception ressort de notre éducation.

Fort de ces principes, je me permettrai de réclamer de vous aujourd'hui, messieurs, et entièrement de votre bonne volonté, la restauration dans la campagne, sur vos terres, de ce boisement tout spécial, en grande partie disparu, que vous avez reconnu indispensable à la conservation, dans notre pays, des oiseaux utiles à l'agriculture.

Quel sera l'aménagement de ce boisement : et pour les bois et pour les champs ?...

Pour les bois · — Je ne saurais indiquer une autre disposition de cette végétation que celle que j'ai conseillé à l'Etat et aux communes.

Pour les champs.

Dans les plaines d'une grande étendue ; et ceci concerne les grands propriétaires ; il faudrait rétablir des remises ; des remises d'un tiers, d'un demi hectare et même d'un hectare ; puis reboiser les parties de ces plaines, ou trop mamelonnées, ou dont l'infériorité du sol ne permet pas de tirer un grand avantage.

Dans toute la campagne arable, je recommanderais d'établir, non pas d'une manière continue, sur toutes les lisières des champs, mais par section et sur des longueurs déterminées, et dépendant de la configuration de la pièce, principalement le long des grands chemins de desserte, *des bandes boisées* de 2 à 4 mètres de largeur et plus, suivant l'importance que le propriétaire voudra donner à ce boisement; et d'élever quelques arbres, en têtards jusqu'à 4 et 5 mètres de hauteur. Ces bandes boisées, qu'on s'abstiendrait de nettoyer, pour les maintenir toujours à l'état fourré, aménagées à 5 ou 6 ans, donneraient d'excellents bois de chauffage. Les têtards seraient émondés, mais non point abattus, destinés qu'ils seraient à vieillir sur place jusqu'à leur complet dessèchement, pour fournir accidentellement à certaines espèces d'insectivores, telles que la mésange, le troglodyte, et autres, les trous nécessaires pour les nichées. Ce serait là des remises d'un autre genre que celles que nous connaissons et que l'on établit ordinairement au centre des grandes plaines, en vue de la chasse du gros gibier à plumes.

Aux abords des centres de populations et dans les villes, bourgs et villages, il conviendrait de reprendre les habitudes anciennes et d'y multiplier les haies, les bosquets et les places plantées. Les héritages, prés jardins, et enclaves maraichères quand ils sont traversés ou limités, d'un côté seulement, par des chemins ou des sentiers, devraient en être séparés comme autrefois par des haies d'aubépine, de sureau, de lilas, de charme, de troëne, coupées à pied droit et élevées en charmille.

Les fontaines, les sources, les mares, doivent toujours être ombragées par quelques arbres ou un bosquet. Le bord des petites rivières, des ruisseaux, des torrents, doivent être plantés. Les fossés humides servant d'écoulement doivent être marqués par une ligne de saules têtard.

Mais ce que nous ne saurions trop recommander à l'attention des propriétaires et des cultivateurs, c'est *le respect du boisement spontané, du buisson sauvage* partout où il se produit, sans être une gêne appréciable pour la culture.

Assurément, dans le plus grand nombre des cas, ce petit boisement empiètera un peu, d'un côté, sur le fossé du chemin et un peu de l'autre sur le champ; car une simple ligne mathématique sépare les deux propriétés; mais il faut que des deux parts on lui accorde droit de cité. L'essentiel, c'est qu'on ne laisse pas cette végétation s'étendre outre mesure, et il est facile de la circonscrire. La multiplicité de ce petit boisement dans les campagnes, par touffes isolées, un peu sur le patrimoine de chacun, au prorata de l'importance de la propriété, serait un grand bienfait pour tous ces patrimoines réunis, c'est-à-dire pour l'agriculture d'un pays envisagée alors dans son aménagement général et au point de vue rationnel le plus élevé.

Il en serait de même des arbres cultivés isolément et très-distancés les uns des autres, par groupe même si l'on veut. Des plantations ainsi entendues nuiraient bien peu aux champs, et leur rapport, d'ailleurs, au terme de leur exploitabilité, serait un dédommagement presque compensateur. Chaque propriétaire pourrait de son propre mouvement s'astreindre *à devoir au pays*, pour la conservation des oiseaux utiles à l'agriculture, suivant l'importance de son patrimoine : Les uns, dont la propriété est modeste, mais encore assez apparente, quelques mètres carrés de haies ou de buissons taillés; les autres, dont le patrimoine constitue l'aisance large ou la richesse, un certain nombre de grands arbres et une plus grande surface de végétation arbustive; boisements divers que le possesseur du sol grouperait sur son domaine comme il l'entendrait.

Si, un jour, l'on reconnaissait la nécessité de réglementer cette matière, il n'y aurait, ce nous semble, pas d'autre base à adopter que celle-ci :

Proportionner la dette de chacun au pays, en végétation arbustive et arborescente, à l'étendue de sol possédée, en éxonérant de cette charge la trop minime propriété, *la pauvreté.*

On entrevoit de suite ici, sous le jour de l'évidence même, combien l'inégalité des fortunes, résultat économique de toute justice pour l'individu, est en outre utile et profitable à un pays et à ses habitants: car, ce que peut faire un possesseur riche, un possesseur pauvre ne peut pas le faire, et la mesure du bienfait, qu'il soit volontaire ou forcé, sera toujours en proportion de cette richesse. Moins on possède et plus on est enclin, et avec juste raison, à céder à l'aiguillon de l'intérêt particulier.

On voit aussi combien il est à désirer qu'une fortune foncière, solidement constituée par son auteur, ne subisse pas immédiatement et à trop courte échéance, le fléau du morcellement et puisse se perpétuer un certain temps dans sa famille, parce que c'est dans la famille que se trouvent en germe, pour fructifier en leur temps, les plus saines traditions.

L'habitation des oiseaux insectivores rendue possible dans la campagne, par la restauration et la conservation d'un mode de boisement *ad hoc*, il convient d'assurer leur propagation par une attention de tous les moments, c'est-à-dire en organisant une surveillance et une police efficaces. Qui dit surveillance..., dit *répression*, car, qu'est-ce qu'une surveillance sans répression?

Or, la surveillance, bien qu'elle soit rigoureusement prescrite depuis longtemps dans notre pays, existe-t-elle en fait ? Il nous est permis d'en douter. Ce dont nous avons été témoins pendant les vingt et quelques années que nous avons passé dans l'administration des forêts, et ce que nous voyons encore aujourd'hui, comme simple particulier, nous permet de dire, ici, sans rien exagérer, que, jusqu'à présent, la police spéciale la conservation des petits oiseaux s'est faite mollement, et dans certaines régions, pas du tout.

Pourquoi en a-t-il été ainsi ?...

Il en a été ainsi, messieurs, parce que, jusqu'à ce jour, nous n'avons pas pris au sérieux la *question de conservation de ces animaux*, parce que nous ne nous y sommes point intéressés. Plus que cela, nous l'avons tournée en ridicule et nous avons été même jusqu'à *blâmer la répression.*

Qu'en est-il résulté?

Il en est résulté que les préposés à cette surveillance ont eu de la répugnance à l'exercer et l'ont crue eux-mêmes futile.

Il en est résulté que l'action des tribunaux s'en est ressentie. Elle a été affaiblie. La peine infligée a été un *minimum*, et si désavouée par tous, que la sanction morale a manqué. Alors, l'excuse se traduisant par la contenance générale: les attitudes comme les propos: le coupable sortait de là exonéré de sa faute et tout prêt à recommencer.

Quant au bon et courageux fonctionnaire qui, en faisant son devoir, avait été ainsi, sans le savoir, si au rebours du courant de l'opinion, il quittait le prétoire assez sot, confus, et bien décidé à ne point le pousser aussi loin à l'avenir.

Voilà la vérité, messieurs, voilà où en est, pour le moment encore, la question de surveillance et de répression de la chasse à ces utiles animaux!

On est honteux de savoir, ainsi que notre honoré président nous l'a appris à la séance dernière, que, dans un pays qui se targue d'avoir la première organisation administrative du monde, de sordides trafiquants puissent se livrer impunément, et sur la plus grande échelle, à la destruction des hirondelles, lorsque ces oiseaux exténués arrivent en foule sur le bord de la Méditerranée, et cela, dans le but d'approvisionner de mauviettes les hôtels et restaurants de nos grands centres de population, où les gourmets cosmopolites affluent sans cesse.

Qui n'a remarqué, en effet, sans que, de prime abord, on ait pu s'en rendre compte, la diminution progressive, depuis plusieurs années, de ces utiles et charmants oiseaux?

Vous irez maintenant de vous-mêmes à la conclusion, messieurs.

Il faut que la situation change, si nous voulons arriver à quelque chose. Et que devons-nous faire pour cela? Simplement le vouloir : *établir un autre courant d'opinion.*

Mais, le courant d'opinion modifié, rectifié, si je puis dire, il faut aussi que nous soyions secondés par des employés fermes et capables, dégagés surtout de toutes préoccupations étran gères à leurs fonctions.

Les gardes champêtres sont-ils bien dans ces conditions? Nous ne le pensons pas. Ils sont un peu ce que nous les avons faits nous-mêmes.

Grâce à l'incurie de ces employés, la surveillance en matière de délits de chasse aux petits oiseaux, est à peu près fictive.

J'affirme, pour mon compte, que depuis six années que mon attention est fixée sur le fait, pas une couvée printanière n'a dû échapper aux recherches des enfants et maraudeurs de toute sorte, dans les petits bois, haies et buissons des alentours de Meaux. De la fin d'avril à la fin de juin, les chercheurs de nids n'en sortent pas, et, de la manière dont ils s'y prennent, il n'est pas possible qu'une nichée ne soit pas trouvée. — Ils sont deux ou trois : l'un tient une baguette et en bat les fourrés, les deux autres regardent autour pour voir la mère en sortir. S'il y a un nid, c'est là l'indice.

Cette année, dans le courant de juin, à quatre heures du matin, je voyais de ma fenêtre un enfant de douze à quatorze ans, seul, une baguette à la main et un panier au bras, battre les petits taillis du coteau boisé qui fait face à la maison que j'habite.

Jamais je n'ai rencontré un préposé communal s'inquiétant de ce service, dans le cours de mes promenades.

Il serait facile, si l'on attachait de l'importance à cette répression, de prescrire aux gardes champêtres de surveiller spécialement les couvées des petits oiseaux pendant le temps de l'incubation. Cela devrait être.

Quelques espèces d'insectivores font deux pontes, la seconde en juin-juillet. Celle-là échappe quelquefois au braconnage, parce qu'à cette époque, les parents retiennent leurs enfants, même le dimanche, pour les travaux de la campagne. Quant aux vagabonds, pour eux, le plaisir a perdu toute sa primauté ; ils sont ailleurs.

Nous pouvons tous beaucoup contribuer à seconder les employés dans cette œuvre de surveillance et de répression, en nous y intéressant. Au moment de l'incubation, du 20 avril au 1er juillet, les cultivateurs, tout particulièrement, pourraient porter quelque attention aux couvées des petits oiseaux, dans le cours de leurs allées et venues à travers les champs. Les propriétaires, les notables de chaque commune pourraient en entretenir le maire, encourager le garde champêtre, et l'assurer de leur protection. en cas de difficultés et de mauvaises insinuations de la part de ces opposants de profession; car c'est le plus souvent *la crainte*, sentiment prenant sa source dans la question de vie et de famille à soutenir, conséquence d'une place à conserver, qui arrête ces fonctionnaires, d'ailleurs, au fond, parfaitement disposés à faire leur devoir.

D'un autre côté, messieurs, vos situations marquantes à divers titres, dans ces arrondissements, vous rapprochent nécessairement, à certains moments, du corps de la magistrature. Il vous est facile alors, poursuivant l'idée, de toucher ce sujet intéressant auprès des membres de nos tribunaux et d'attirer leur attention sur la répression des délits de l'espèce.

§ V.

Aperçu psychologique de la question.

Des considérations autres et non moins pressantes, vous allez le reconnaître, messieurs, que celles qui précèdent, se rattachent encore au boisement d'un pays, et à la conservation dans ce pays, de tout ce qui en fait le charme, l'attrait et un lieu de plaisance pour l'homme.

Ces considérations sont toutes de l'ordre moral, vous l'avez pressenti. Vous me reprocheriez de les avoir omises. Elles vous frapperont plus encore peut-être que les premières, et s'adjoindront sympathiquement à celles-ci, nous le pensons, pour provoquer de votre part cette réforme de l'aménagement des champs, dont j'ai l'honneur de vous entretenir.

Nous venons de parler de l'utile au point de vue matériel, c'est-à-dire de la nécessité de conserver les bois et les buissons, et par cette végétation arbustive, les oiseaux qui y habitent, à seul fin de préserver nos récoltes et de les avoir en plus grande abondance. Nous avons bien fait; car il faut satisfaire aux besoins du corps. Mais, n'y a-t-il pas un autre genre de besoin que celui-là? et, si notre corps demande une nourriture, un soutien, notre esprit et notre moral, n'en ont-ils pas besoin aussi?...

On ne peut nier l'influence favorable, sur le moral de l'homme, des beaux sites, des lieux embellis par la nature, d'une belle campagne. Cette influence est indépendante de notre condition sociale, de notre culture d'esprit, de notre âge et de notre origine, enfin, car tous les peuples la ressentent. Elle est en nous, elle est nous. On en trouve des preuves générales et particulières, à chaque pas, sans les chercher.

Un exemple, en passant, qui nous touche de près.

Il y a quelques mois environ : c'était un des samedis du printemps dernier : une jeune fermière dont je connais beaucoup la famille, madame L..., élevée dans un village de notre Brie, qu'elle n'avait jamais quittée, fut obligée d'aller habiter, aussitôt son mariage, un village de l'Ile-de-France, à 16 kilomètres de Meaux, où son mari possède un faire-valoir. Cette jeune femme me faisant ce jour-là une visite, s'exprimait ainsi : « Oh ! monsieur, quel triste pays que celui que j'habite ! je voudrais que vous le vissiez, vous le verrez ; c'est la plaine, et toujours la plaine. On n'y voit pas un arbre, pas un buisson, je ne m'y habitue pas... Au moins, quand on descend à Meaux, le samedi, on est réjoui ; l'on voit de la verdure et l'on entend les oiseaux chanter. Chez nous, l'on n'entend que le cri des moineaux. »

Madame L... est issue d'une famille aisée et honorable de la campagne, et n'a pas reçu d'autre éducation, quoique parfaite à mon sens, pour l'avenir auquel elle était destinée, que celle qu'on reçoit au village, entre de bons parents et le curé de la paroisse. Femme capable et intelligente, toute à ses devoirs, elle est une excellente fermière, mais elle n'est point une femme chez laquelle la culture de l'esprit aurait pu développer artificiellement et outre mesure le sentiment des choses de la nature.

Son impression est donc une impression très-naturelle, et excellente à recueillir.

Mais cette influence est générale, elle est commune, tellement commune et inhérente à notre nature, qu'elle se traduit de toute façon sur l'humanité prise en masse. Qui ne sait qu'une des plus grandes jouissances de nos familles urbaines est d'aller passer le dimanche et les jours de fête à la campagne?... et là, quelle admiration devant ces arbres, devant ces fleurs de toutes espèces, devant cette belle verdure qui s'étale devant eux!

Où ne trouve-t-on pas, dans nos villes, sur le balcon de la plus somptueuse habitation, comme sur l'appui de fenêtre du plus modeste logement, des fleurs et des oiseaux?... Et qui pourrait dire les bonnes impressions que ces choses de la nature procurent à leurs heureux possesseurs? que d'atténuations et d'apaisement à des souffrances inévitables! que de sérénités retrouvées à la vue de ces fleurs, qu'anime la mélodie des oiseaux. Et puis, vous l'avez remarquez sans doute, ce sont surtout ceux qui souffrent qui recherchent ces influences.

L'homme laborieux et sain d'esprit, n'aspire qu'après ces biens, sa tâche remplie. Quelques années de vie tranquille au milieu d'eux et il sera content. N'a-t-il pas longtemps travaillé pour les conquérir?

Palais somptueux, châteaux, élégantes villas, simples petites maisons d'employé ou d'ouvrier retiré; tout, au dedans comme aux alentours de ces demeures, atteste ce refuge privilégié de l'homme. Mais, combien n'arrive pas à cette possession, à cette pleine jouissance, et n'ont, pour y suppléer, que les champs de nos campagnes?

N'en doutons pas : notre habitation à nous, hommes, est au milieu des choses de la nature. Elle doit être sur une terre embellie par la main du Créateur. Notre organisation morale la réclame. C'est là, pour nous, un contact salutaire, souvent même nécessaire. Cette attraction universelle, on peut le dire, et cette ardeur à nous entourer de ces biens, n'importe où et à tout prix, n'en est-elle la preuve irréfragable?

Voyez-le: En parlant de la ville d'Arkhangel, dans son voyage en Laponie: « Ses maisons tout en bois, dit M. Léo » Quesnel, sont petites et entourées de grands jardins. On » dirait une de ces villes des bords de la mer construites pour le » plaisir, qui ne sont faites que de villas; les fenêtres sont » chargées de jasmins et de roses. C'est comme dans les villes

» danoises, une suite de jardins suspendus. Nul part le luxe » des fleurs n'est si populaire que dans les contrées où la na- » ture en est le moins prodigue. Ce sont les compagnes de » l'homme, ses amies, ses dieux lares. Elles ne peuvent vivre » que sous son toit (1). »

Il y a donc, messieurs, *un utile moral, comme il y a un utile matériel.*

Eh bien ! oui, et il faut en venir là ; même dans une question qui, de prime abord et en apparence, ne se présentait à nous que sous le seul mirage d'une utilité matérielle. Cette question a son côté psychologique. Le boisement d'un lieu, d'un pays, sa parure, l'agrément que, par les dons naturels de Dieu, il peut offrir à l'homme a *une utilité immatérielle*, et à ce point de vue, la question se rattache, comme solution pratique, à la *théorie morale de l'homme*. On ne saurait en douter ! Affirmons donc ce fait; alors, nous, possesseurs des champs, propriétaire de la terre, nous saurons nous préoccuper de son revêtement, de son aspect, de son embellissement; parce que ces champs, cette terre ; c'est là la véritable habitation de l'homme ; c'est là le lieu choisi où il se plaît, qu'il recherche toujours, où il repose, où il se régénère et se perfectionne.

Voyez ces religieux, ces moines, pour lesquels la vie matérielle n'est rien et la vie morale est tout! et qui sont passés maîtres, ceux-là, en fait d'hygiène à appliquer à l'intelligence et au moral de l'homme; ils fuient les influences artificielles et factices du monde, et recherchent, soit qu'ils vivent isolés, soit qu'ils se rassemblent au cloître, les impressions de la nature, dans ses plus doux comme dans ses plus grands effets; et, c'est imprégnés de ces influences, les seules qui les reposent et les développent, qu'ils atteignent au plus haut sommet moral et intellectuel (2).

Un des grands médecins de notre temps, devenu par ses recherches et sa découverte un des bienfaiteurs de l'humanité ;

(1) Le *Correspondant*, 3e livraison, 10 novembre 1876.

(2) Les *Moines* et leur influence sociale dans le passé et dans l'avenir, par M. l'abbé F. Martin, chanoine honoraire de Belley, curé-archiprêtre de Ceyzériat (Ain), 2e édition, 2 vol. in-12, 1871, Paris

et, qu'à ce point de vue là, l'on peut appeler un penseur, un philosophe ; en pénétrant notre nature, a trouvé le seul remède, palliatif toujours, curatif quelquefois, de la folie, dans le contact le plus fréquent possible de ces infortunés avec les choses de la nature... C'est dans de grands jardins, et sous de beaux ombrages qu'on les laisse libres, aux moments de calme. On les y occupe, on leur fait toucher et sentir des fleurs; puis de là, on les fait passer, pour se reposer, dans les salles où ils font et entendent de la musique. Ces impressions ne manquent jamais d'adoucir leurs tortures, et donnent à quelques-uns des moments de lucidité.

Ainsi, vous remarquerez messieurs, que c'est de la partie affective et sensible de notre être, de la partie la plus délicate et la plus sublime, de l'âme, enfin, que jaillit, que peut jaillir encore, si cela doit être, quelques étincelles de cette raison, de cette intelligence à tout jamais perdue, dont nous sommes si fiers.

Les documents statistiques, qui viennent d'être publiés par la préfecture de la Seine, constatent que le département de la Seine comptent 7,248 aliénés, tandis qu'au commencement de ce siècle, il n'y en avait que 946. Ainsi, en 75 ans, la population aliénée a plus que sextuplé, tandis que la population générale s'est à peine triplée.

Cependant, depuis le commencement du siècle, la vie matérielle a été en s'améliorant, et procurent aujourd'hui à tous un surcroit marqué de jouissances et de bien être général.

Mais en a-t-il été de même de la vie morale ?...

Ecoutez, messieurs, ce que m'écrivait, il y a deux mois, à propos des effroyables ravages du phylloxera dans le midi, désastres dont il est témoin ; un homme de *science pratique*, sorti un des premiers de l'école polytechnique.

Cette opinion, si vous le permettez, sera notre réponse : « Il » est bon qu'un pays soit riche, m'écrit M. M..., afin de le » voir se développer harmonieusement; il s'en faut de beau- » coup que la richesse soit bonne pour les individus.

» Ce n'est pas elle qui donne le bien-être, mais bien la modé- » ration des désirs. Nous en revenons toujours ainsi à la théo- » rie morale de l'homme, sur laquelle vous avez insisté ave

» tant de raison, dans la lettre que vous avez bien voulu » m'écrire l'été dernier.

» Le *bien-être* ne consiste pas seulement dans la satisfaction » des besoins matériels, parce que notre être n'est pas seule- » ment le corps ; et les besoins de l'âme subsistent avec ceux » du corps et ils sont quelquefois en contradiction avec » les besoins factices que nous sommes si ingénieux à nous » créer.

» De là vient que le fléau qui ruine le midi sera peut-être » pour les habitants, la source d'un bien être moral, dont ils se » déshabituaient malheureusement trop.

» Vous saurez mieux que moi encore tirer la conclusion de » ces événements si surprenants, bien faits pour rabaisser l'or- » gueil de la science. »

Ce sera donc désormais un devoir pour nous, de faire que nos campagnes, dont l'état a une si favorable influence sur l'humanité, soient telles qu'elles puissent produire ce résultat.

Nous l'avons reconnu dans le cours de cette étude ; une région sans boisement, un pays dépourvu d'arbres, de haies, de buissons, quoique richement couvert de moissons, mais toujours sous l'action des rayons solaires, est inhabitable et aride. On y est porté à la tristesse et à l'ennui. Son parcours est une souffrance, et, comme tout ce qui est souffrance, il est évité par l'homme. Or, comme l'homme n'est pas fait pour se tenir exclusivement enfermé dans les gîtes couverts et assez limités qu'il se crée ou qu'on lui assigne ; que, d'ailleurs, les médecins, les ecclésiastiques, tous les ministres de religion, les économistes positivistes eux-mêmes, qui, eux aussi, poursuivent comme idéal, à leur manière, la génération et la conservation d'une population saine, recommandent aux familles de sortir le plus qu'elles peuvent des lieux où les travaux les tiennent renfermés, pour y éviter, au moins momentanément, les miasmes qui y sont en permanence et respirer dans le repos et le calme d'esprit, à l'EXTÉRIEUR, un air pur et vivifiant ; il faut qu'absolument l'homme trouve, en dehors de sa maison et des agglomérations de maisons qui constituent les centres de population, c'est-à-dire dans la campagne, ces refuges naturels bienfaisants indispensables à son existence, dont vous comprenez maintenant la constitution.

Aujourd'hui, la promenade dans les champs, l'excursion en famille dans la campagne ne se font plus. Et où les ferait-on?... Sur des routes poudreuses, brûlées par le soleil..., sur des chemins de terre étroits. sans arbres, sans buissons, sans gazons? Ces sorties, loin d'être salutaires, seraient préjudiciables à la santé.

La constitution d'une campagne sous tel ou tel aspect, nous semble être, messieurs, une question *d'éducation et de principes*. Autrefois, et quand je dis autrefois, je tiens à préciser; je me reporte à soixante ans : autrefois, les générations, en possession de la terre, étaient élevées dans le principe éminemment utile et si capital, au point de vue économique pris dans le sens le plus large et le plus vrai, de planter les chemins et de se ménager des ressources en bois par tous les moyens usités pour cela. Et, si beaucoup de propriétaires ignoraient sans doute toutes les considérations qui se rattachent au fait si recommandé du boisement d'un pays; tous, par tradition, étaient possesseurs du *principe* et l'appliquaient couramment. Mes souvenirs de jeunesse et d'adolescence sont, à cet égard, très-précis et très-nets, quant à cette habitude qu'on avait de maintenir boisé les routes. les chemins, ainsi que certaines bordures et lisières des champs. En 1815, quand notre père vint prendre possession de sa terre de V..., à quelques kilomètres de Meaux, propriété qui lui venait de sa femme, et que le tuteur de notre mère avait trop négligée, il trouva sa propriété complétement dépourvue d'arbres et dénudée. Comme ce n'était pas dans les principes du temps d'avoir une propriété sans boisement, M. Burger se hâta de faire établir une pépinière, une fort belle pépinière que je vois encore, contiguë au parc, pour y élever les essences dont il voulait se servir; et, peu d'années après, il faisait planter en essences ormes, frênes, érables et peupliers, tous les chemins qui traversaient sa terre, ainsi qu'un ru qui la longeait sur un assez long côté. Ce qu'il fit pour lui, il le fit pour la commune de Vaucourtois, dont il devint maire. Aussitôt son arrivée en Brie, il fit planter en bordure et en quinconce, suivant leur configuration, toutes les parcelles de terrain que possédait alors la commune. Tous les propriétaires de ce temps-là agissaient de la même manière. Quand les arbres étaient arrivés à maturité, on les vendait, puis on replantait immédiatement dans les intervalles des places occupées par les anciens. Chacun se trouvait bien de cette méthode, et le pays, ainsi que la communauté, en retiraient un bienfait.

Mais aujourd'hui, l'intérêt même, bien entendu, des possesseurs du sol leur commande, plus que jamais, de boiser et de planter leur propriété, par cette raison péremptoire, qu'en présence d'une production générale; et on peut dire universelle; qui va rapidement en diminuant, la consommation va toujours en augmentant. Il y a déjà plus de quinze ans que j'ai entendu ce cri d'alarme proféré par les ingénieurs de la Marine, les économistes et les forestiers; et voici aujourd'hui un propriétaire foncier du Midi, ancien député, M. de Saint-Victor, qui, à l'occasion d'une gestion patrimoniale agricole et forestière datant de 143 ans, et dont l'examen détaillé et approfondi lui révèle les avantages et les plus-values que sa famille a retiré des forêts, a bien voulu, dans une notice intitulée : *les Bois en France* : nous citer des chiffres puisés aux sources les plus authentiques et qui sont : les uns très-encourageants pour les propriétaires de bois, les autres très-peu rassurants, il faut le dire, pour l'avenir forestier du pays.

M. de Saint-Victor cite une forêt de son domaine qui, en 1825, rapportait 8,000 francs à la famille, et dont le revenu approche aujourd'hui de 30,000 francs ; c'est le résultat d'une bonne administration de ces forêts et de la cherté croissante des bois.

Mais, d'un autre côté, et ceci donne à réfléchir, il constate que, partout, les surfaces boisées diminuent, tandis que la consommation augmente. Pour la France seule, il apprend que nous consommons annuellement, sous toutes les formes, 60 millions de mètres cubes, représentant le produit de 25 millions d'hectares. Or, la France a, *tout au plus*, 9 millions d'hectares de bois et forêts. En ajoutant les produits des arbres isolés épars sur le sol, en dehors des bois et forêts, pour 3 millions d'hectares, il reste acquis que nous consommons *deux fois plus de bois que nous n'en reproduisons.*

Malheureusement, tous les peuples civilisés sont dans le

même cas; ils importent plus de bois qu'ils n'en produisent. Et les contrées qui, jusqu'à présent, ont suffi à cette importation cosmopolite, la Suède et la Norvège, le Canada, etc., se déboisent et ne se repeuplent pas.

J'ajouterai, pour rentrer dans les intérêts français, que le matériel forestier que nous laisserons à nos petits-neveux sera loin d'équivaloir à celui que nos pères nous ont laissé. Nous avons beaucoup profité et nous profitons encore de leurs ressources accumulées, fruit de leur intelligente et bonne prévoyance. Nos pères pensaient à l'avenir; nous, nous y pensons peu. Il faut dire qu'ils étaient préparés et incités à avoir cette préoccupation par des institutions toutes autres que les nôtres, institutions dont la clef de voûte était la *stabilité*.

Les nôtres, qui dérivent plus du principe contraire, éteignent en nous l'idée de suite et nous incitent à vivre au jour le jour. Tout naturellement la prévoyance devient lettre morte.

Toutefois, sans rien préjuger de l'avenir qui nous est réservé, nous dirons qu'aujourd'hui, à tous les points de vue, les possesseurs du sol, en France, feront bien de boiser, de se reconstituer des ressources en bois par tous les moyens usités. Ils ne feront, d'ailleurs, en cela, que marcher sur les traces de leurs voisins, les propriétaires anglais qui, en matière commerciale et économique, font rarement fausse route.

APPENDICE

Au dernier moment, M. le Directeur du *Journal de Seine-et-Marne* a l'obligeance de me faire remettre sa feuille du 7 courant, où je lis l'article suivant, fragment tiré des Annales de la Société d'horticulture de Maine-et-Loire :

« *Les Chenilles.* — Malgré les ordres préfectoraux donnés dans les communes relativement à l'échenillage, les ravages causés par les chenilles, chaque année, sont considérables. L'échenillage n'est-il pas assez surveillé, n'est-il pas fait en temps opportun, nous ne savons, toujours est-il que le mal va toujours croissant.

L'année dernière, dans un grand nombre de localités de notre département, les arbres fruitiers ont été ravagés par ce terrible insecte d'une manière effrayante. Dans l'arrondissement de Segré, par exemple, les pommiers étaient tellement infestés de nids de chenilles au printemps, qu'on eût dit qu'ils étaient enveloppés d'une toile de mousseline; aussi la récolte des pommiers, dans cette contrée, fut-elle complétement nulle.

Cette année, le mal sera-t-il moins grand? Pour ma part, je crains que non, car il y a un mois à peine, parcourant les localités de Feneu, Champigné, Sceaux, Chanteussé, j'ai eu la peine de constater que les chenilles y étaient en grande quantité et qu'elles avaient déjà commencé leurs ravages.

Pour ne parler que des arbres fruitiers de nos jardins, j'ai vu des cerisiers, des pruniers, des abricotiers, des poiriers, dont tous les boutons à fruits étaient déjà rongés. Nul doute que lorsque les bourgeons se seront développés ils auront le même sort.

Frappé de la gravité de ces dommages, j'ai cherché un moyen de combattre ce fléau, et l'essai que j'ai tenté m'ayant bien réussi, je m'empresse de vous en donner communication :

Le moyen est aussi simple que peu dispendieux. Voici en quoi il consiste :

« Faire un lait de chaux vive et en asperger les arbres au
» moyen d'une pompe à main ou de tout autre système qu'on
» aura à sa disposition. »

Là est tout le secret.

Une seule opération suffit pour faire succomber les chenilles les moins vigoureuses, et pour éloigner les plus rustiques qui ne tardent pas à périr.

Il est bien entendu que ce remède ne peut guère être appliqué qu'à des arbres, soit en espalier, soit en pyramide, et que pour ceux en plein champ l'emploi en serait assez difficile. »

Le 23 mars 1874, je lisais aussi, dans le *Moniteur universel*, et je prenais note de la plainte suivante :

« On écrit de Saint-Donat au *Journal de Valence* :

» Nos habitants des campagnes sont bien lents à comprendre que les petits oiseaux sont nos auxiliaires en agriculture. Sans être observateur, il est facile de remarquer que depuis plusieurs années les insectes nuisibles pullulent au point de devenir un vrai fléau. Le pommier, par exemple, cet arbre précieux, nous refuse ses fruits : il est envahi chaque année, branches et tronc, sans qu'on puisse y porter remède. »

Voici ma réponse, que j'extrais du numéro de la *Gazette de France* du 6 octobre 1865, ce qui prouve que, dix ans avant cette dernière plainte, l'attention publique était déjà vivement éveillée par les mêmes maux :

« Le Comice agricole a été tenu dimanche à Bourg (arrondissement de Blaye).

» Monseigneur Donnet, archevêque de Bordeaux, a célébré la messe, et après l'Evangile, a prononcé sur les abus et les dangers de la chasse, un discours dans lequel nous trouvons le passage suivant :

» Examinons quelques-uns des résultats de cette guerre sans
» trève ni merci que vous faites aux bergeronnettes, aux ros-
» signols, aux fauvettes, aux mésanges, aux rouge-gorges, aux
» chardonnerets, aux linottes, aux pinsons, aux verdiers, aux
» alouettes.

» On comptait jadis, terme moyen, à chaque printemps, dix mille nids par lieue carrée; or, nous savons tous que chaque nid contient en moyenne quatre petits. Eh bien ! il a été constaté qu'il faut à chaque petit quinze chenilles par jour, et que le père et la mère en mangent soixante autres pour leur part, ce qui fait cent vingt chenilles pour la consommation quotidienne de chaque nid.

» Si donc vous multipliez **120** chenilles par **10,000** nids, vous avez un total de **1,200,000** chenilles, qui étaient détruites chaque jour, par conséquent **36,000,000** pour un seul mois. Trente-six millions de chenilles ! mais a-t-on bien songé que ces trente-six millions de chenilles, si on ne respecte pas l'existence de tous ces oiseaux du bon Dieu, qui les consommaient, mangeront à leur tour la feuille, la fleur, le fruit de nos arbres, toutes nos plantes potagères et toutes celles d'agrément? N'oublions pas aussi que les insectes et les plantes parasites dont les oiseaux nous avaient délivrés prélèvent un impôt presque double de l'impôt foncier. N'oubliez pas que cette année surtout le papillon du chou (Picris brassica) a produit tant de chenilles que cette plante a manqué à nos ménages et à nos étables. N'oubliez pas, enfin, les ravages de plus en plus grands, dans les forêts de pins, de la chenille processionnaire. »

L'an dernier, Son Eminence avait déjà intéressé le Sénat au sort des petits oiseaux.

Enfin, en 1866, M. l'abbé Decorde, dans un mémoire lu au congrès de Bordeaux, recommandait la conservation des oiseaux et s'attachait surtout à relever les premières erreurs, dont l'ignorance intéressée se prévaut pour leur faire une guerre acharnée ; on ne se préoccupe point de leur reproduction.

Ce ne sont donc pas les avertissements qui font défaut aux

habitants des campagnes... Mais, *il n'est pire sourd que celui qui ne veut pas entendre;* et, comme la cause principale, ou au moins une des causes les plus agissantes de la disparition des petits oiseaux est, nous le répétons, la destruction systématique dans un but particulier très-intéressé, des haies, des buissons, des bosquets et petits bois, de la campagne où ces animaux habitent, vivent et nichent, il en résulte que personne NE VEUT consentir au minime sacrifice que le maintien de ce boisement entraîne.

Il y aurait aussi un mode de chasse dont il serait opportun de défendre l'exercice, pendant un certain nombre d'années, au moins, jusqu'à ce que, par suite du reboisement de la campagne, la population des oiseaux insectivores soit telle que leur capture, dans une juste mesure, ne soit plus un danger; je veux parler de la destruction des nichées qui se font dans des pots en terre que, dans beaucoup de villages, certains habitants ont l'habitude de suspendre le long des pignons de leur maison ; ces pots ne donnent le plus ordinairement asile qu'au *moineau*; mais exceptionnellement aussi, aux *mésanges* et aux *troglodytes*, espèces essentiellement insectivores, depuis que ces oiseaux ne trouvent plus à nicher naturellement dans les trous de vieux arbres qui n'existent plus nulle part. Je dois cette utile observation sur ce vieil usage dans nos campagnes, tombé en désuétude depuis un certain temps, mais qui tend à reparaître occultement, à M. D..., vice-président de la Société d'agriculture de Meaux.

En somme, il faut en venir, et *persévéramment*, pour parer à ces maux, dont le public s'émeut à si bon droit depuis longtemps :

1° Au reboisement des campagnes;

2° A une répression soutenue et énergique.

Meaux, 9 mars 1877.

TABLE

Du déboisement des campagnes dans ses rapports avec la disparition des oiseaux insectivores, par M. Burger :

BIBLIOTHÈQUE NATIONALE IMPRIMÉS R.F.

Meaux. — Imprimerie A. Cochet.

www.ingramcontent.com/pod-product-compliance
Lightning Source LLC
LaVergne TN
LVHW020048170826
845678LV00001B/485

9782329680521